图书在版编目(CIP)数据

室内设计师. 44，新与旧 / 《室内设计师》编委会编 .— 北京：中国建筑工业出版社，2013.11
ISBN 978-7-112-16097-6

Ⅰ. ①室… Ⅱ. ①室… Ⅲ. ①室内装饰设计 – 丛刊
Ⅳ. ① TU238-55

中国版本图书馆 CIP 数据核字 (2013) 第 268839 号

室内设计师 44
新与旧
《室内设计师》编委会 编
电子邮箱：ider2006@qq.com
网 址：http://www.idzoom.com

中国建筑工业出版社出版、发行（北京西郊百万庄）
各地新华书店、建筑书店 经销
上海利丰雅高印刷有限公司 制版、印刷

开本：965 × 1270 毫米 1/16 印张：11½ 字数：460 千字
2013 年 11 月第一版 2013 年 11 月第一次印刷
定价：40.00 元
ISBN978 - 7 - 112 - 16097-6
（24854）

目录

CONTENTS

VOL. 44

新旧之间

撰　文 | 王受之

我们是古国，现代化以来，好像就不那么古了。旧的拆得快，新的建得也快，设计师们一味朝外国看、朝西洋看，再要走传统设计路线，不容易，因为传统审美中断好长时间，设计师们即便做传统，也做得好像外国人看中国一样，不地道。我几次去日本，看到他们对传统的态度颇为敬畏，从旧书店到建筑设计，都有一种敬畏感，兢兢业业，颇有感触。

上次在东京住了一个星期，朋友知道我对旧书的热爱，给我安排住在神保町附近的"东京蛋"（Tokyo Dome）酒店。这个酒店是日本现代建筑第一代大师丹下健三设计的，旁边有个大室内运动场，好像个大蛋一样，那里经常有国内比赛、演唱会，因此这个酒店总是住满了来自日本各地的粉丝。旁边的"蛋"前面每天晚上也都是大排长龙等待入场，马路对面的水道桥地铁站也总是人山人海的，连酒店下面那个便利店也都人满为患，经常我晚上肚子饿，想去买个三明治的时候，发现已经给粉丝们一抢而空。因此，有些人说：你肯定很"潮"，要不是怎么住在"蛋"那里呢？说实在的，我的确并非因此热闹而住神保町，我本身是个极好清净的人，住那里是因为神保町是东京最大的旧书店所在之地，方便看书店而已。有点像我在伦敦的时候，也尽量住得离诺丁山近一点，仅仅也就是为了方便淘书而已。

如果说这几年有哪些书让我很着迷，我想其中一本就是池谷伊佐夫的《神保町书虫》了。我看的是台湾桑田草翻译、三言社出版的中文版，那本书本身就写得出神入化，而翻译也精彩，我前年在香港九龙塘的"页一堂"书店里买到的，爱不释手。去神保町的时候，我也是带着那本书一间一间旧书店去看的。那里的旧书店动不动都是半个世纪的老字号，老一点的有百年以上的，看各类专家、学者、藏家多了，因此一眼就能够看出来你是来白看书的还是要来淘书的。那里的旧书店老板是出名的厉害，据说有人在那里看书，被他们骂"不买书的就给我滚出去！"，弄得有些人终于患上了"神保町综合症"，一辈子都不敢再去。池谷伊佐夫建议要去淘书的人去时要注意打扮自己，穿西装，不打领带，手上拿本小笔记本，好像是学者一样。我虽然日文一塌糊涂，也依瓢画葫芦，照样做来，故作深沉，埋头找书，倒也从来没有被冷遇。

神保町是我进入东京、进入日本的门户。我深感从什么地方进入这个城市，会影响自己后来对这个城市的感受的。1990 年代，我第一次来东京，是和我工作的那个美国学校的校长和一些教授一起来的。我们这个学校培养了许多日本设计家，也包括丰田、本田、马自达、尼桑这些大汽车集团的设计总监，所以那次来我们是住在赤坂附近"虎门"的大藏（Okura）酒店。那里是高尚区，美国大使馆就在酒店对面，每天都是大企业宴请，在酒店来来回回的西餐日餐，都讲究无比，餐厅美轮美奂，大妈级的服务生跪在你旁边服侍，好像很威风，就是不像在日本吃饭。那一次我基本可以说对东京没有什么印象，因为出进都是大酒店，酒店里遇到的外国人比日本人多，遇到的日本人都讲英语，我那一次的感觉就是，这不是日本，更加不是东京。因此，后来朋友介绍我住"东京蛋"酒店，住到日本皇城根的神保町，我自感很幸运，终于有了一个看日本的窗口了。

神保町以书店、旧书店著名。神宝町旧书店街位于东京千代田区（原神田区），有着 120 余年的历史。在这里，大量的旧书店、旧书商、出版社、图书批发商云集，可谓"书籍的海洋"。它号称世界上最大的旧书店街，也是珍本、孤本等珍贵书的宝库。二战时期，神保町的部分书籍毁于战火，这一直被日本人视作重大的文化损失。旧书店街的旧书店多数位于靖国大街南侧，即店铺一般为北向而建，据说这样做是为了保护旧书，避免其被阳光直接照射。

日本人管旧时都叫做"古书"，他们对历史的东西看得比咱们重得多，只要不是现在的，都属于"古"；咱们恰恰相反，即便是古董，也分得极为精细。大概实在历史太长了，加上历次文化运动，就是拿古典文化开刀。一百多年大家不"古"，对历史自然就无所谓了，电视剧里面可以随意胡编乱造地写历史，历史小说也可以随意剪裁，堂而皇之说是"古为中用"呢！

古书店、旧书店在我们的记忆中，就是门可罗雀的地方，往往只有几个老人家在那里盘亘不去而已。事实上，国内哪里还有真正像样的旧书店、古书店啊！解放以后，公私合营改造，旧书业全部属国营管理，加上全国性的扫荡，现在的旧书店就是个样子而已，既不赢利，也没有固定客源，更加没有什么传统收藏和"镇馆之宝"了。神保町的旧书店才是旧书店，他们叫做古书店，和诺丁山、拉丁区的旧书店有得一比。专业风格门类精细；老板大部分是自己经营的各类书的专家，有问必答，日文表达不了，拿笔写汉字，基本交流无问题；价格有规则；有藏家经常光顾。靖国通大街、白山通大街交叉处，旁边的小巷子里尽是古书店，在《神田古书店地图贴》名录中有 160 多家。池谷伊佐夫的书里面也附有他自己画的一个地图，也有超过 100 家，但是他说还有好多没有入这个名录的。我去神保町好几次，看看 200 家以上肯定是有的。不过因为经济不好，租金高，很多老店都从靖国通大街迁到周边的小巷子里就是了。到这里淘书，着急不得，遍地宝贝，何况大部分都是自己买得下手的，那个感觉，实在非常棒。而且那一带出版社林立，抬头一看，不是"文艺春秋"吗！招牌上那些出版社的名称都是我们耳熟能详的。吸引人的还有旁边小巷里一爿爿小店，是很实惠的纯粹日本饭馆、

酒馆，里面见不到一个游客，就是出版人、编辑、作者，还有就是东京大学在这里的经济学院、数学研究所、商学院的研究生和教授。灯光暗淡，觥筹交错，是文化人的去处。我经常在买书后到那里的小店吃晚饭，翻翻所得，自有所归。

我喜欢在神保町钻古书店，首先是想检漏，找到有价值的艺术画册，特别是罕见的版本。池谷伊佐夫在他的书里面提到他在神保町见过大正4年（1915年）的一本《江户风景画》，歌川广重画的，39幅，这可是浮世绘最高水平的画家的版画目录本啊！这类的书如果能够淘到一本，来多少次书店都值了。其次是希望找到好的设计印刷作品，18、19世纪的浮世绘原版这里都有，旧版新印的价格并不贵，已经是让人喜欢的一个目标了，而日本20世纪的一些海报精品，也时有出现，如果看得准，买下了是很值得的。

说到这里，我倒想起这次见到的一张海报来了。在一家书店看到挂了好几张战后的海报，很是精彩，其中一张更加是让我花了好长时间看。日本战后有个色彩协会叫做“秀彩会”，日文读音为Shusaika，英语叫做Beautiful Color Society，大概相当于我们现在的流行色协会之类的机构吧，是日本战后几个推动现代设计发展的组织之一。他们在一些百货公司举办设计展览，以此来推广、普及传统工艺、现代设计的概念。1951年，秀彩会在大阪的近铁百货公司举办了和服展。近铁是日本第二大专业物流公司，跨界运营，在干线车站旁边开百货公司，规模都大，提供场地做展览，是推动设计普及的力量之一。这一年的展览，找了Yoshio Hayakawa做海报设计，这个读音应该是“早川良雄”。作品很简单：一个穿着和服的时尚红发西方女子的剪影。在那个战后时期，西洋女模特对日本青年一代具有很强烈的吸引力，而海报的主题是和服，和服的形状本身就很平面，很几何，加上设计师的提炼，成了一个有棱有角的几何形，全部黑色的，黑底上用毛笔画上朱砂色的曲折线条，好像书法一样。和服宽宽的金黄色“太鼓结”在这个海报上是用花纸拼贴形成的，拼贴一方面能够突出太鼓结的形式感，同时有现代艺术的气息，一举两得。这个设计据说受17世纪和服影响，早川良雄说他就是突出了抽象表现力，采用了强烈的色彩、西方现代艺术的启迪以及日本平面设计的传统手法。细看那张作品，的确能够在简单之中包含了这些方面的元素，这张作品是战后日本海报的精品。

日本的设计中有一种非常突出的特点，就是在突出民族感的时候，会跨越设计界限，从其他的传统范围内借鉴动机。比如设计座椅，用书法的笔划；设计海报，用和服的形式，这张作品是我看到的比较早的典范之一。

我当时很想买下这张海报，但是老板说这是非卖品。这也是日本古书店的一个很特别的地方，有些好的书、好的画、好的作品，他们拿来作为镇店作品存的，不卖。对于这样的态度，我非常欣赏。老板在纸上写几个汉字，意思是说明天如果有时间请再来，他还有一些同时期的海报可以给我看看，是可以买下的。我谢谢他，告诉他明天早上就飞离东京，只有下次再来了，他很客气地送我到门口。

有点不甘心，我走到靖国通大街对面一个我比较熟悉的专卖浮世绘版画的老字号去看看，买了四张旧版新印的版画，葛饰北斋、喜多川歌麿各两张。开店的是一个老太太，我1991年第一次来的时候她还是个中年妇人，在帮先生的忙，现在已经老态龙钟了，有一个中年男子在帮她的忙，大概是儿子吧。她一句英语都不会，但是业务还是一个人经手，我用汉字写给她看所要的内容，她清清楚楚，一下子找到我希望要的那个类别的新版给我看。我选好了版画，她帮我包好，用大塑料袋装上，送我到店门口，我这才高高兴兴地离开了。

如果有人问我：中国现在这么发达了，和日本还有什么无法弥补的差距呢？我想差别之一可能正是这样的旧书店，特别是旧书店意识。扩展来说，也就是老字号品牌了。我们这一百

年中，翻天覆地革命，老字号扫荡得干干净净，即便留下名字，也都是国营店，无论服务、品质都完全没有继承性，盛名之下其实难符。而国人脑子里也没有什么古书的概念，古书就是旧书，再古就是古董，古董是拍卖行里的东西，旧书就是垃圾了。北京琉璃厂的旧书店徒有虚名，那种几代人经营的感觉早就没有了。差别特别大的还有来淘书的人，你想六七十年没有过的传统，再续起来还可能吗？其实，这种传统并不是一下子给灭了的，即便在1970年代，我还在上海淮海中路去过一家旧书店，境况虽然凄凉，里面却依然挤满了淘书的人，但是上海世博会以前的城市大整治，把这家书店最终给彻底结束了。只有福州路还有些旧书店，也都是国营的，服务员都是上班而已，对书没有了解，更谈不上感情，去那里也就索然寡味了。文化这个东西，改了就回不来了。如果我们要说把旧的给灭了，是进步，这说法自然也无不可，不过要找到神保町这样的地方，在国内是肯定没有了的。

新旧之间，有时代的鸿沟。如果我们有一种对传统的敬畏，民族的设计就可以做好了，可惜大家不敬畏，就有点无所畏忌的莽撞了。END

新与旧

撰文｜明明

"修建如旧"是不是古建的唯一出口？

在中国，"修旧如旧"早已成为固定的准则，这样的定律被无限复制在古建筑中，比如那些已经彻底景观化的古镇，这样浮于表面的做法令很多历史文脉踪迹难寻，而现代文明也无从对接。改建后的房子甚至都不能算是传统和现代关系紧张的战场，而只是幅失去灵魂的空壳、在时间定位中迷失的文化遗存。

在这样的前提下，如何在尊重和保存古建筑历史与结构的同时，将创新精神融入建筑设计中，使它们得到可持续利用？这样的命题成为了摆在建筑师与城市规划者眼前的重大命题。

此次，在"新与旧"这样一个宏大的主题下，我们并没有选择一些宏大叙事的大规模片区改建，只是撷取了一些片段，试图以一些与生活息息相关的酒店案例，试图以管窥豹，来展现一些不一样的改建思路。其中，有些建筑师大胆革新，为古建筑注入全新的生命；而有些设计师则以较为保守的姿态，在符合原有建筑气质的前提下，增添一些低调的现代设计感。

对于旅行者而言，参观教堂无疑是入戏最快的环节。如今，对一些荒废教堂的改造成为建筑师们的心头大爱，而且愈发盛行。尤其是在荷兰，已经有数百座教堂按下了改造的启动键，准备新生。此次主题中的荷兰马斯特里赫特柯瑞舍伦酒店无疑是其中的代表作，15世纪的哥特式教堂和修道院摇身一变成为了一座五星级奢华酒店，而教堂的结构成就了酒店的多个奇妙之处，同时，原先修道士们的房间也被改造成了舒适的现代化客房，每间都与众不同；原为阿姆斯特丹公共图书馆的安达仕王子运河酒店则在设计师的天马行空的想象力下，摇身一变为阿姆斯特丹最新颖时尚的酒店。

位于荷兰阿姆斯特丹的音乐学院酒店以及比利时布鲁塞尔的多明尼克酒店的设计师均在特定的限制范围内，充分发挥了老建筑的原有特色，并利用现代设计手法，令空间拥有了属于自己的独特性格。

中国西安的威斯汀博物馆酒店则是古城西安中的亮色。酒店虽位于严格控制建筑外形的曲江新区，设计师却以现代的手法对西安的古建筑做出了现代解读，同样，其现代化的室内亦是古城奢华酒店系列中的首创。END

阿姆斯特丹音乐学院酒店
CONSERVATORIUM HOTEL AMSTERDAM

撰　文 | Vivian Xu
资料提供 | Design Hotels™

地　点 | Van Baerlestraat 27 1071 AN Amsterdam
建筑设计 | Daniel Knuttel
室内设计 | Piero Lissoni
设计时间 | 2008年
竣工时间 | 2011年

1 | 2 3

1 红砖与玻璃的材质让人有种穿越的感觉
2 外立面仍维持原状
3 酒店的一隅被覆盖了层玻璃

如何在同一座酒店里平衡奢华、历史与现代的生活方式？这无疑是个很难的命题，而位于阿姆斯特丹市中心博物馆区域的音乐学院酒店则是个很好的范本。

这座古老的哥特风格建筑始建于19世纪，由荷兰建筑师Daniel Knuttel设计，当时该建筑只是用作博物馆和画廊，后来大概是1978年被放弃使用，时隔了5年后才被改作斯韦林克音乐学院，在此期间，这座建筑标志性的结构一直为建筑界所青睐。

2008年，这座建筑又再次完成了复杂的转型，其被收购后改建为一座豪华的五星级酒店。Akirov Georgi(Alrov集团的总经理、音乐学院酒店的所有者）指定意大利著名设计师Piero Lissoni重新演绎这种建筑特性的变化，使得这座位于阿姆斯特丹文化中心的建筑融入了历史，结合了奢华的生活方式，传承了个性化的服务，成为一家最独特的、时尚的、无与伦比的酒店。这座酒店是Alrov集团在以色列范围之外的第一次尝试。

一进入大门，你就会发现，整个庭院内都被玻璃覆盖了，这样的大手笔可以称之为对酒店设计理念的最好的广告，设计师的意图显而易见，他希望去创造新与旧、传统与摩登之间的奇妙对比。

“这里就仿佛是德古拉城堡，”Lissoni说，“这里面的氛围非常黑暗，我试图去尊重这种黑暗。然而，我必须要将室内营造得完全现代，没有任何的妥协。”德古拉城堡出自爱尔兰作家史托克的小说《德古拉》，其主人公是吸血鬼德古拉伯爵，电影《惊情四百年》剧情则改编自这部小说。

很难置信的一点就是，当你游走在这座建筑里，你会有种穿越的感觉，这是种复杂而矛盾的观感。你既能在这样复杂结构的建筑中感受到历史建筑的神秘，那是种由黑暗所带来的兴奋；同样，整座酒店亦始终充盈着Lissoni的签名风格——简朴的线条、端庄的面料、灰色的色调，偶尔点缀着些许明亮的色调。

当然，音乐也是整座酒店中非常重要的一部分，它起到了连接这座传统建筑的过去与未来的作用，由于它之前是音乐学院，因此所有建筑都经过精心的处理，能很好保持声音的原汁原味及其响度，舒缓的古典音乐在拱形顶棚一直回响。

“每个公共空间都坚持着自己的特有氛围，都会充盈着适合它的音乐。”Georgi Akirov说，“剧目是非常多样，不拘一格，且经过精心挑选的，这些音乐的选择不仅取决于场地，同时还取决于一天的时间、场合以及其他各种因素。”

不过，在这座酒店里，大多听到的都是些古典音乐，我想这种音乐最适合这座建筑，算是对其悠久历史的致敬吧，但其他类型的音乐同样也被演绎得非常得体。比如，酒店有一个套房可以让客人体验一把DJ瘾，在这个房间里，客人可以体验非常特别的灯光系统。END

1 2	4 5
3	6 7

1-2 中庭区域的各种材质进行了激烈的冲撞
3-5 酒店餐厅仍以暗色调为主，黑暗的色调带来的神秘感令人兴奋
6-7 SPA 入口处

1-3 SPA

4-6 空间中充盈着的是Lissoni的签名风格——简朴的线条、端庄的面料、灰色调中偶尔点缀些明亮的色彩

| 1 | 4 5 |
| 2 3 | 6 |

1-6 客房

马斯特里赫特柯瑞舍伦酒店

KRUISHEREN HOTEL MAASTRICHT

撰　文 | 晨星
资料提供 | Design Hotels™

地　点 | Kruisherengang 196211 NW Maastricht
建筑设计 | Satijn plus architects
室内设计 | Henk Vos / Maupertuus
灯光设计 | Ingo Maurer
花园设计 | Wil Snelder

1 酒店外观仍保留原貌，只在点滴细节处露出些声色
2 金铜色的入口令人对即将到来的酒店之旅充满期待
3 从外观看，它并不那么特别

1992年马斯特里赫特条约签订，欧盟诞生，使荷兰最南部的小城马斯特里赫特一时间名声大振。

这是一座典型的欧洲城市：铺满中世纪石砖的浪漫街道，令人忍不住垂涎三尺的地道美食，法德比荷混合文化交织于此，带来一种迷人的欧洲老城的风韵。早在公元前50年，马斯特里赫特就是罗马人的军事要塞与贸易站，并先后遭到英国、法国、西班牙、德国入侵，在饮食、建筑、宗教甚至语言腔调上，都与荷兰北方有明显的差异。在这个小城里你可以找到荷兰最古老的教堂，最古老的桥，还有多达1450处的古迹，而且你还会有意想不到的发现，比如逛教堂书店、住五星级的教堂酒店、看洞窟里几公里长的壁画。

这座保存完好的中世纪老城中有两座主要的教堂——圣塞尔法斯大教堂(Basilica of Saint Servatius)与圣扬教堂(Saint John's Church)，柯瑞舍伦酒店就位于这两座经典教堂的后面。从建筑外观来看，它并无特别，但从教堂一侧边门的一只巨大金铜喇叭形入口，却让人有一探究竟的渴望。穿过喇叭口进入室内，眼前呈现的现代与摩登在教堂高耸的穹顶与宽广的连排双窗映衬下，显示出些许超现实的味道，原来，这座修道院已被改建成了设计型酒店。

柯瑞舍伦修道院于1438年开工建造，历时70年落成。在长达250年的时间里，修士们在这里过着平静知足的日子，直到18世纪末，法军入侵荷兰，教会被迫解散，修道院也成了军队驻扎地。士兵们在里面住宿、养马、储存军火弹药，甚至还制造弹药，后来人们在其中一间屋子里发现了从前弹药制作的配方。20世纪初期，在Victor de Stuers和建筑师Cuypers修复下，它被改造成国家农业研究站办公地，到了20世纪80年代，它再度废弃失修。1985年，马斯特里赫特的富商Camille Oostwegel对这座废弃的教堂一见钟情。于是，这个修道院最终找到了归宿，成为一家拥有60个房间的豪华精品酒店。在大规模的改造启动之前，这里就有非常明确的思路——打造"一座位于教堂和修道院中的摩登酒店"。

"保留原建筑本质、尊重历史与传统"是整修的前提。天主教堂原有的哥特式外观得以保留，立面石墙采用现代技术漂白洗净，只有室内的一小堵墙保留了翻修前的样貌，以供人了解对比。Camille Oostwegel聘请了全欧洲最有名的设计师参与酒店改建工作：比如那金铜色的隧道式入口是被誉为"光之诗人"的灯光设计师Ingo Maurer打造的，内抛光铜表面上泛着金色光芒，让人对进入建筑时即将到来的穿越之旅充满兴奋与期待，酒店内所有的灯具也由他主持设计；Henk Vos则让每个房间都不同，因为老建筑本身的宽敞和高大，便于搭配出令人震撼的效果，他使用大幅彩绘，甚至巨幅照片装饰墙面，为每个房间创造出与众不同的现代特征；设计师同样将Le Corbusier、Rietveld等大师的经典家具作品巧妙运用于室内空间的各个角落，也采用了大量Marc Newson、Piet Heyn Eeck、Roderick Vos和Philippe Starck设计的当代摩登家具。和其他高档五星级酒店出售带酒店LOGO的产品不同，如果你喜欢房间里的某个饰品摆设，可以在大堂的艺术品展区直接购买，由此可以看出荷兰人精明的生意头脑。

事实证明，中世纪后期的建筑与现代风格完全可以形成完美搭配，设计师为这一改造项目提出了众多创新的解决方案——设计师在教堂的主体部分做了一个盒子，盒子的上部分是个餐厅，在这里，餐厅与高耸的中殿保持了一致的视角，客人在用餐时可以更贴近地欣赏到教堂顶部的种种建筑细节，同样也可以通过教堂窗户欣赏老城景色。夜晚时分，由原来唱诗班席位改成的葡萄酒酒吧更为迷人。品味1 800多种顶级葡萄酒，尝试一块当地特色水果甜点，或者一杯独特的马斯特里赫特咖啡。

酒店所有房间设计都独一无二。每间客房都有不同的配色方案、风格及家具陈设，虽然上下两层客房共享同一扇窗，却有着截然不同的风景。原始的墙饰和顶棚上的装饰画，则保留了建筑的传统与历史，让人过目难忘。

也许，几百年前，以清苦简朴、顽固守旧著称的修士们，可能怎么也想不到这里日后竟会成为奢华酒店。哥特式教堂的美，就在于通过从物质到精神的过渡手段，使精神到达天国的境界。而柯瑞舍伦酒店，则是用另一种方式将信仰供奉，对于选择这里下榻的人们，除了体验奢华的享受，更能得到精神上的一种共鸣吧。END

1 2	5
3 4	

1-5 设计师在教堂主体部分植入了一个盒子，依次是餐厅、会客室、酒吧、大堂等功能，却保留了年代久远的砖石墙壁、哥特式拱形支撑、巨大的窗框等，令空间形成现代与古典的矛盾之美

1 2 | 3 | 4

I-2　一层的一隅改建成了现代感十足的酒吧

3　夹层的阅览室

4　餐厅位于夹层，其上空便是精美的哥特式顶棚，客人用餐时可以欣赏到顶部的细节

1 2	4 5
3	6

1-5 酒店共有60间客房，每间都不相同，墙面上大幅的彩绘非常特别
6 中庭改建成了酒吧

MOËT & CHANDON
CHAMPAGNE

西安威斯汀博物馆酒店
XI'AN WESTIN MUSEUM HOTEL

撰　文　Vivian Xu
摄　影　Pedro Pegenaute,Jeremy San Tzer Ning等
资料提供　如恩设计研究室、西安威斯汀酒店

地　点　陕西省西安市慈恩路66号
设计单位　如恩设计研究室
设计时间　2008年~2010年
竣工时间　2012年

与许多怀揣着小矫情小忧愁的游客一样，我总爱把西安唤作长安。因为总觉得长安这个名字更帅，而它的时光和气质是“活出来的”，这个城市里发生的一切都立足于传承。

近几年兴盛起来的大唐不夜城商业休闲区，就是藉着一旁大唐芙蓉园的声势造起来的，大片的建筑采用了白墙朱顶的盛唐风格，格局仿若放大版的市坊。坐落于一隅的西安威斯汀酒店则属于剑走偏锋型的，选用了极为大胆的现代风格，将整座建筑包裹在一个巨大的笼子里。

酒店整体格局是一组沿着中轴线对称的建筑群，也就是说，其实完全借用了传统的宫殿式的设计，立面亦沿袭了古城稳健大气的深青色，选用深色的灰泥与石材以及中国特色的坡屋顶和悬挑屋檐。设计师同时将原本传统的复杂细节转化为现代建筑的简洁线条，在外立面上处理成深凹的洞口有节奏、有序列地转换。白天时，这座酒店与周遭的仿古建筑并没有什么不一样，但入夜后，红色的灯光就会坏坏地从洞口中透出来，令整座建筑跳跃起来，显得没有那么沉重。

酒店两个主入口的上方都设置了木格栅雨篷，格栅一直优雅地延伸到立面上，随着阳光变化的魅力光影会由此渗入到室内。进入大堂，阳光会从中庭的天窗倾泻而下，而建筑师亦试图在建筑内部引入更多的室外空间。设计师在这个体量颇为庞大的建筑里设置了若干个3层高的天井，这部分空间完全采用自然采光，而天井的布置也挺有特色——没有采用大量鲜花，而是只用石子与雕塑构成类似日本枯山水的画面。客房则围绕着这些天井展开，整个客房区域的原木色内墙镶板将空间的纯白映衬到了极致，这两种色彩与天井深色的条状格栅亦形成非常强烈的视觉对比。

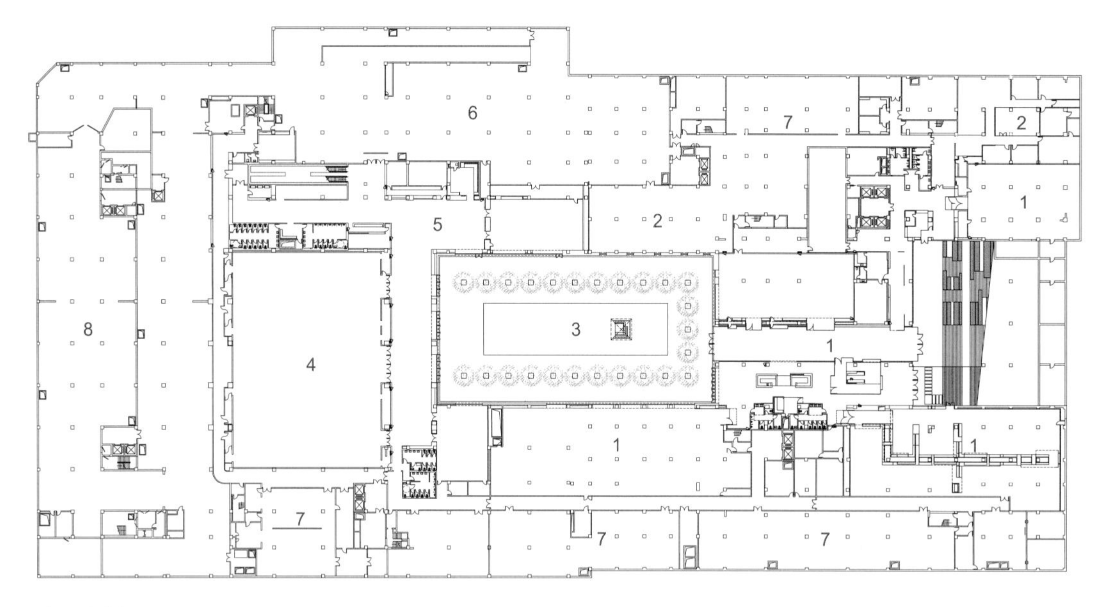

地下二层平面

1 博物馆
2 办公区
3 室外庭院
4 宴会厅
5 宴会厅迎宾区
6 停车场
7 后勤区
8 商店

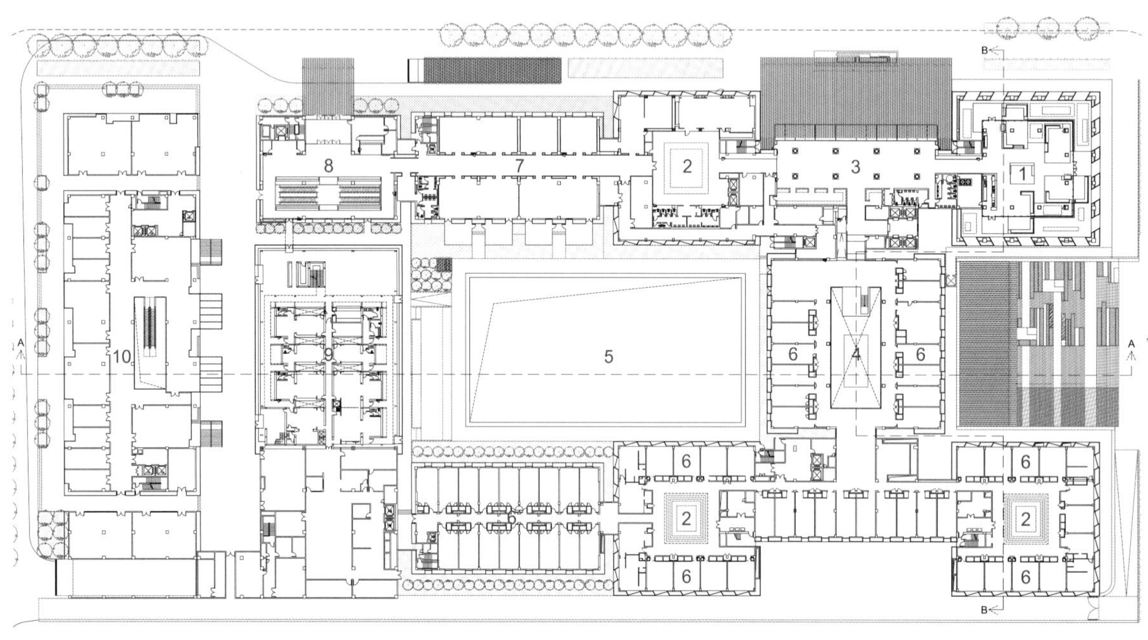

一层平面

1 大堂吧
2 中庭
3 入口大堂
4 内部庭院
5 室外庭院上空
6 客房
7 商务中心
8 宴会厅入口
9 中餐厅
10 商店

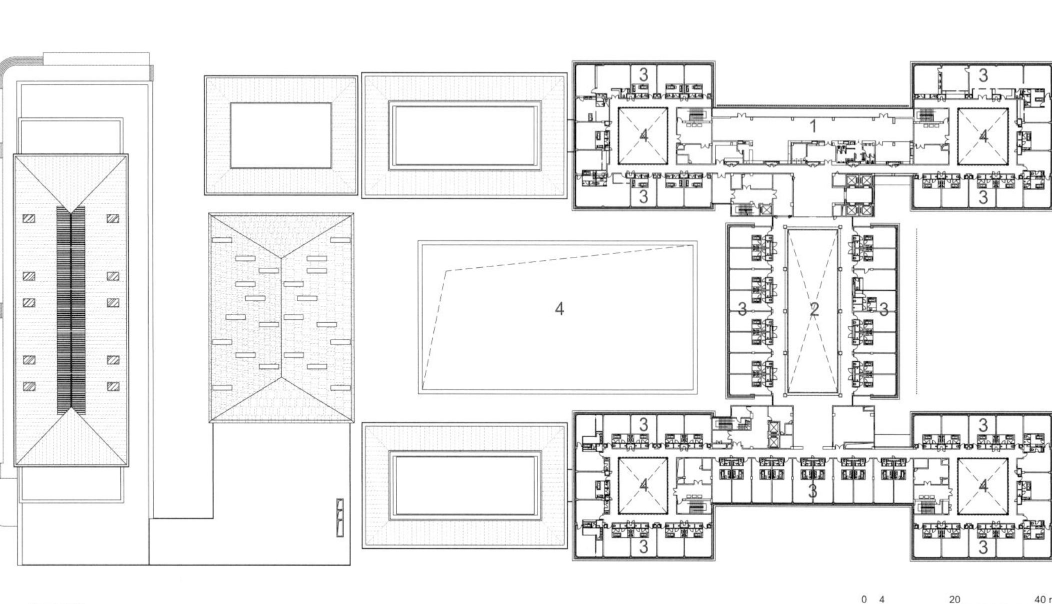

四层平面

1 行政酒廊
2 内部庭院上空
3 客房
4 外部庭院上空

在东入口的大台阶，会把客人引入地下二层——位于正中核心位置的室外庭院。从这里拾级而下后，就可以到达西安曲江艺术博物馆，这个以壁画为主题的博物馆是另外一个令人兴奋的所在。这里有个在世界范围内唯一一个用壁画来描述中国古代绘画史的展览，“色挂形象穷神变——中国古代壁画源流展”通过展陈的八十多幅壁画，以人物、景色、花鸟为主，从政治、经济、军事、文化、民族、宗教等各个方面反映了中国古代的生活。从海外以500万美元的价格购回的秦国金铠甲是西安曲江艺术博物馆的镇馆之宝。这件距今2700多年的文物是我国迄今已知相对完整的一套金质铠甲。

设计师认为，这个空间的设计理念是建立在“壁画艺术的表现形式，所以应该从本质上不同于任何其他形式的艺术”这一基本概念上。作为历史文物的艺术品，需要严格的湿度、光照以及温度的控制。在这个设计里，设计师抛开了典型的“白盒子”博物馆概念，每一个展示单元都是为了突出每一件艺术品所特有的个性而设计，以使人能够更好地领略每一件艺术品。除此以外，该博物馆还与国家古代壁画保护工程技术研究中心合作，专门辟有修复室，邀请相关专家进行中国古代壁画的修复工作，每周一至周五，参观者可以透过玻璃直击修复过程。

设计师同时也设计了酒店的三个餐厅。“中国元素”中餐厅位于酒店西面的户外庭院里，是一座相对独立的建筑。设计师将这个空间的着重点放在了那个高大的屋顶上，很多盏灯高低错落地出现在人们的视线上方，天光亦从顶部的老虎窗中倾泻出来，清晰地显露出建筑的结构。设计师将用餐区域的重点放在了隐藏在灰砖下的包房，每间包房都被设计师赋予了不同的风景，客人可以在用餐的同时欣赏玻璃上关于陕西传统的绘本。日式餐厅的内部则仿佛歌舞伎剧场，在这家餐厅里，主要的流线通道形成了边界，用餐者则位于下沉部分，而服务生与厨师就仿佛是在黑色背景下的表演者。全日餐厅则被设计得通体明亮，通体仅用玻璃包裹，自助餐台也更像个展示柜，食物才是这里的焦点所在。END

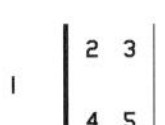

1 各层平面图
2 酒店主入口
3-5 下沉式室外庭院

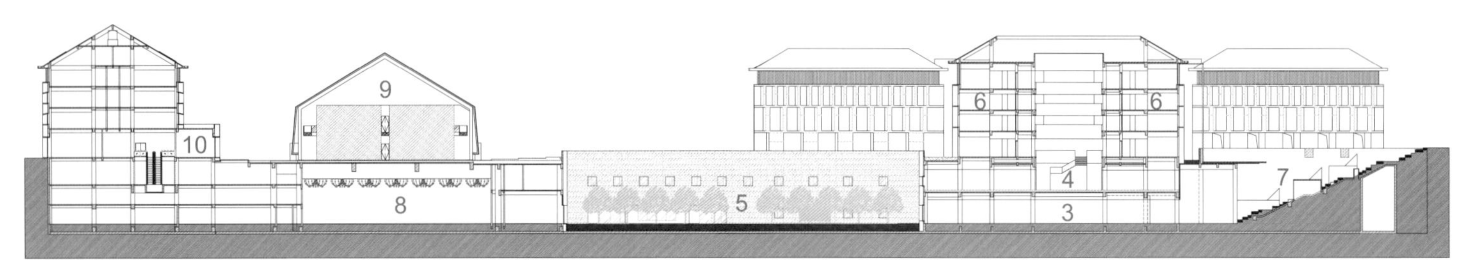

剖面 A-A

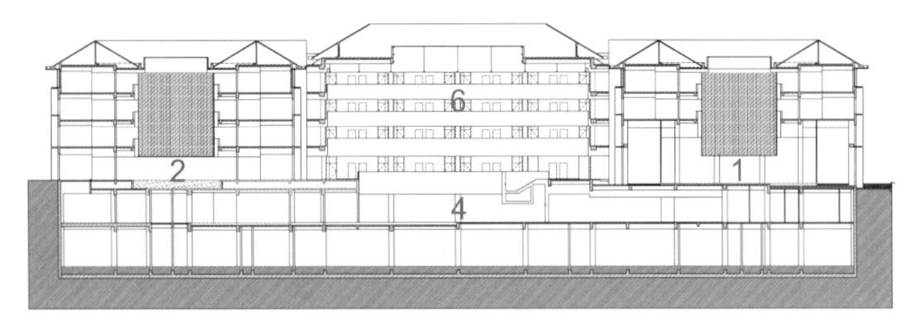

剖面 B-B

0 4 20 40 m

1 大堂吧
2 中庭
3 博物馆
4 内部庭院
5 室外庭院
6 客房
7 博物馆入口
8 宴会厅
9 中餐厅
10 商店

| 1 | 3 4 |
| 2 | 5 |

1 剖面图
2-4 室内庭院
5 日餐厅

1 2 3 4 | 5 6

1-4 博物馆
5 室内中庭
6 全日制餐厅

阿姆斯特丹安达仕王子运河酒店

ANDAZ AMSTERDAM PRINSENGRACHT HOTEL

撰　文 | Mini
资料提供 | Andaz Amsterdam Prinsengracht

地　点 | Prinsengracht 587 Amsterdam
设　计 | Marcel Wanders
设计时间 | 2007年
竣工时间 | 2012年

1 | 2 3

1 一走进酒店，大幅采用代尔夫特陶瓷绘技巧的壁画占据了整个视线
2 大厅里三盏巨型的线条简单的白色摇铃吊灯里却悬挂着华丽的水晶
3 荷兰的重要元素都成了设计师的“道具”

1977年至2007年期间，阿姆斯特丹王子运河587号曾经是阿姆斯特丹公共图书馆所在地，如今图书馆已经迁至一座充满设计感的当代建筑中，留下了这个风格浓郁的老建筑转型为阿姆斯特丹城中新颖时尚的设计酒店。

担纲该酒店的设计师是荷兰著名的帅哥——Marcel Wanders。这位当红设计师最为人所知的就是其离经叛道的设计风格，他甚至被纽约时报冠以“设计界的Lady Gaga”的称号。此次，他则把这些古怪的创意一股脑地都投掷进了这家位于阿姆斯特丹市中心王子运河旁的酒店中。

作为酒店的主设计师，他将自己天马行空的想象力和创造力发挥得淋漓尽致。这座外观仍保留着传统红砖风格的建筑在他的巧手下，室内空间早已演绎成为一座超现实的华丽城堡。他以“穿越时空”为贯穿整个设计的概念，并将代表荷兰的重要元素：代尔夫特蓝陶、荷兰黄金时代的航海图、郁金香等全部结合在一起，让空间取代图书馆的书本，但客人仍然可以尽情地从空间的蛛丝马迹中阅读关于荷兰和阿姆斯特丹的种种。

一走进酒店，大幅采用代尔夫特陶瓷绘技巧的壁画与地毯醒目地占据了整个视线，蓝白相间的繁复图案重现了当年航海时代荷兰东印度公司的世界地图。而大厅里三盏巨型线条简单的白色摇铃吊灯从高耸的顶棚上垂落，内部却悬挂着华丽的水晶吊灯，宛若夜空中的星辰，一份冲突的超现实美感静静地等候着宾客们来品味。

117间客房，15种不同房型，每个楼层的墙壁上绘制着“睡美人”的不同段落，只有到达最高楼层才能看完整个故事。在黑暗的走廊角落中，隐藏着播放影像艺术作品的电视机，令通往房间的过程犹如在博物馆中欣赏艺术品般趣味盎然。

整个酒店里还可以看到很多Marcel Wanders天马行空的奇异点子，像是以郁金香重新诠释的Arne Jacobsen的“蛋椅”、卫生间里布满历史图像与经典格言的壁纸、延伸其经典手绘系列“一分钟代尔夫特兰陶”的客房洗脸盆等。设计师还将许多看似毫不相干的物件重新拼贴搁置，像是客房内的巨幅摄影作品，连接鱼与汤匙或者鱼与酒杯等开启关于荷兰文化与空间的对话，两个冲突的影像之间则巧妙地应用阿姆斯特丹的市标作为结合。他借此来显示阿姆斯特丹无限的包容度，像是个大熔炉一般，可以将各种冲突转化为各种可能。END

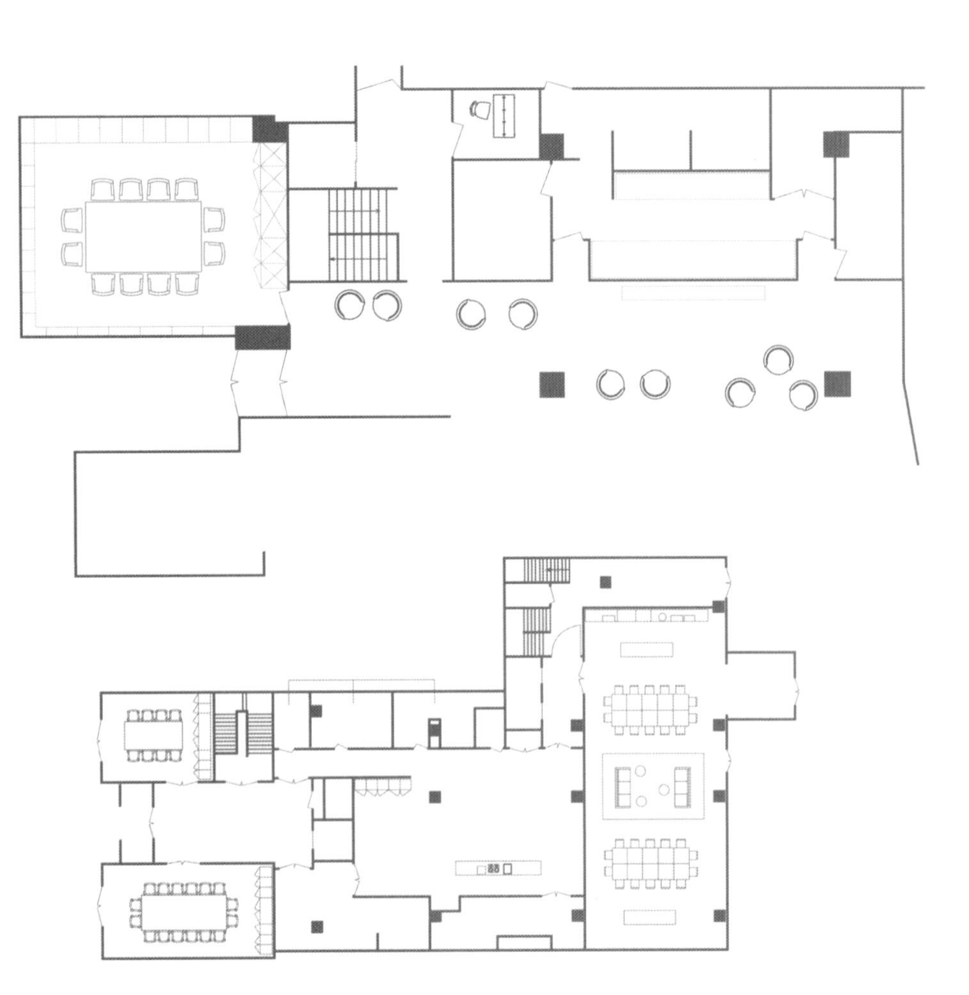

| 1 | 3 |
| 2 | 4 5 6 |

1 平面图

2-6 蓝汤勺餐厅是酒店唯一的餐厅，马赛克图案的代尔夫特陶瓷和整墙的木质浮雕，让客人在感受荷兰文化的同时开启味蕾

BLUESPOON

DRINK
ME

1	6 7
2 5	
3 4	8

1 设计师为前后两座建筑的通道设计了个别具风味的小花园

2-3 Lounge 区域让客人有回家的感觉

4 酒店其实是个设计博物馆，设计师使用了大量人们耳熟能详的设计单品

5 SPA

6-8 酒店的大床房有着开放式的布局，每间客房的墙壁上都有一个半鱼半物的装饰，这也是酒店的特色之一

Casa C 谷仓改造

CASA C,A REFURBISHED HAY BARN

撰　文	银时
摄　影	Jose Hevia
资料提供	CBA(Camponovo Baumgartner Architekten)

地　点	瑞士瓦莱(Wallis)州Reckingen
面　积	244m^2
设　计	CBA事务所
项目类型	家庭度假屋
设计时间	2010年~2011年
建造时间	2011年~2012年

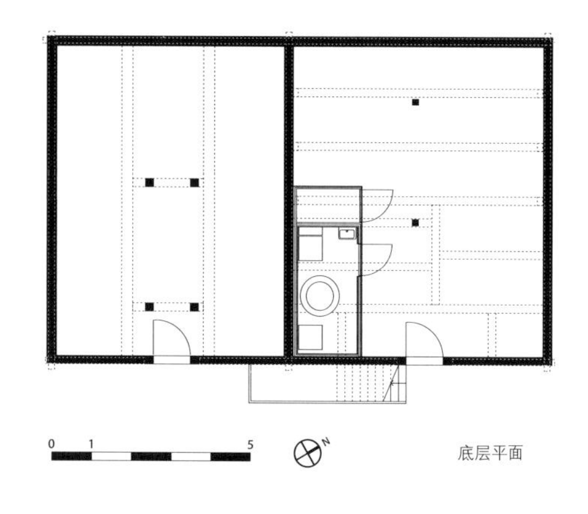

底层平面

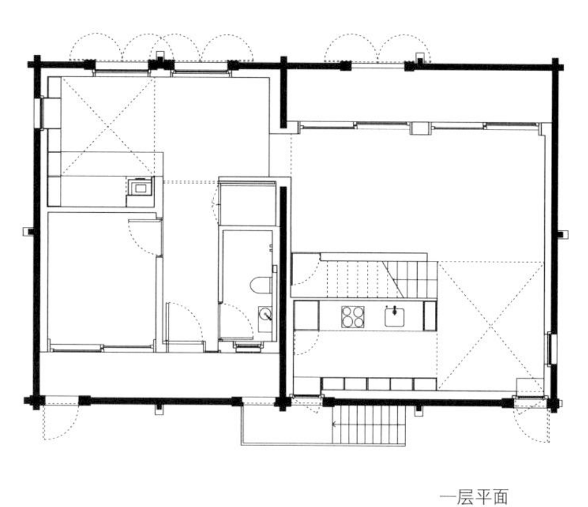
一层平面

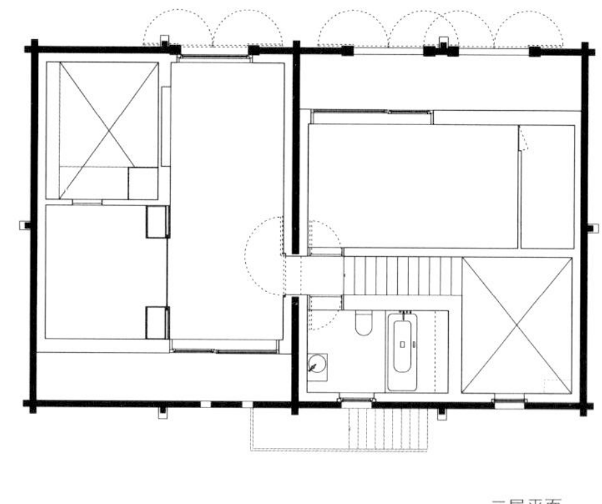
二层平面

百年老谷仓变身文艺度假屋，打造出这个惊艳项目的是瑞士两位“80后”设计师——Marianne Baumgartner 和 Luca Camponovo。两位年轻设计师都是毕业于世界级设计名校苏黎士联邦理工学院（ETH），在不同的设计事务所和院校工作了一段时间后，二人于 2010 年合作成立了 CBA 事务所，几年间已有数个清新之作面世。

Casa C 的前身是一座已有百年历史的老旧谷仓，位于瑞士瓦莱州 Reckingen 一座教堂的对面。当地民居一般都具有瑞士山谷地形居屋的典型特征。住宅和谷仓被分别置于独立的单元中。体量较小的谷仓那鳞次栉比的黑色木建筑与纵横其间的窄巷构成了一幅独特的景观。石屋数量不多，簇拥着白色大理石建造的巴洛克式教堂，与谷仓相比，显得规模颇为宏大。

传统的谷仓布局分为上下两层，底层是牲口棚，上层则用于存放干草。受到新的动物保护法影响，谷仓的所有者不得不将其永远关闭。作为受到历史建筑保护的古镇中心区的组成部分，拆掉谷仓建筑另造新房是不可能的，因此，设计师的任务就是要在不破坏外立面的前提下改造谷仓。

设计师的设计概念是要打造出一座屋中之屋。谷仓的主体结构都被保留下来，新的度假屋将被置于谷仓的框架之内，新建筑体块两侧设置出新的立面，而新立面与谷仓原有立面之间就形成了半室外的檐廊，原有的木结构和空间层高也以裸露的姿态呈现出来。两个廊道一个作为入口空间，谷仓以前运干草的楼梯被设置为建筑的入口；另一个位于起居室前方，可以作为露台使用，廊道内部立面很豪爽地使用了大面积的落地窗，令起居空间更显开敞，并最大限度地向室外开发，并且创造出新旧元素之间的联系。

新创建出的度假屋空间内部被分为两层，包括起居室和各种私人活动空间。一座螺旋状的通道沿着不同尺寸、高度、朝向的房间蜿蜒而上，将两层空间连接起来，并可沿途欣赏到壮美的山景。卧室嵌入起居空间中，而木和橱柜则被集成于墙壁中。

室内结构全部由木材构成。地板使用了天然的落叶松，墙壁和顶棚则使用了高品质的桦木，这些材质温暖的浅色调与木屋外立面的深色旧木材形成了强烈的对比。屋顶由落叶松木瓦片覆盖，表面没有经过处理，将会随着时间的推移，与外立面的形态趋于一致。END

1 2 3 4 5	6

1 平面图
2 改造前
3-5 改造过程
6 新立面与原有墙体间形成半开放的檐廊

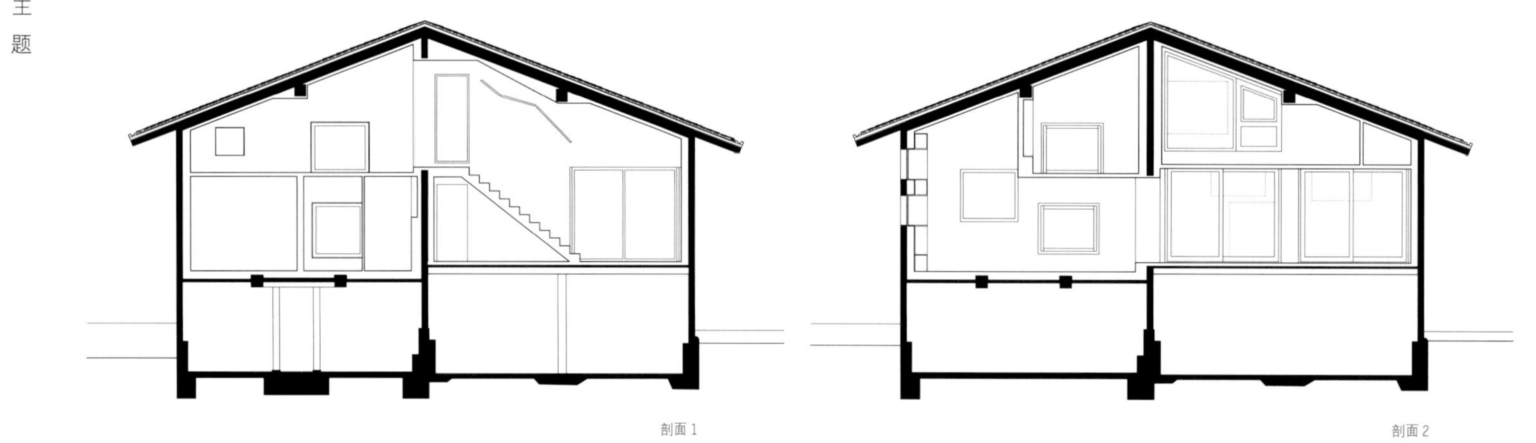

剖面 1

剖面 2

1 | 3
2 | 4

1　剖面图
2-4　室内起居及各种私人活动空间

布鲁塞尔多明尼克酒店
THE DOMINICAN HOTEL BRUSSELS

撰　文 | 依然
资料提供 | Design Hotels™

地　点 | 比利时布鲁塞尔
建筑设计 | Lens Ass
室内设计 | FG Stijl
竣工时间 | 2007年

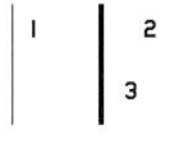

1 酒店外观
2 入口处
3 庭院走道局部

在欧洲的许多城市里，位于市中心的房子一般都已具有几百年的历史，而这些原本是私宅的酒店，很多都经过改造转变成精品酒店，多明尼克酒店就是这样一个典型范本。

这座位于比利时布鲁塞尔市中心的酒店虽然外观并不那么起眼，但却拥有足以说道的历史。1815年，滑铁卢战役后，波旁王朝复辟，古典主义画派奠基人——法国著名画家雅克·路易·大卫从法国流亡到布鲁塞尔依附他的学生后就在此居住，直至1825年去世。1824年，他完成了其最后一件作品——《马尔斯被维纳斯解除武装》。"这是我最后想画的一幅画，我想超越自我。我将会把我75年积聚的能量都释放在这张画上，从此之后，我将不再绘画。"基于这些珍贵的历史意义，雅克最终居住的房间被完全保持了原样，酒店也专门设置了一间以雅克名字命名的套房，并在其中悬挂了一幅高仿的画作，并以此来纪念雅克。

多明尼克酒店是比利时第一家设计酒店组织成员，也是目前为止的唯一一家，该组织旗下酒店都具有非常卓越的当代设计，而旗下酒店也均以已为其成员而作为卖点。多明尼克酒店的业主一开始对该酒店的定位，就是希望设计师能向这座15世纪的历史建筑致敬的同时，仍能融入具有活力的当代设计。

负责外立面修复的是比利时本土建筑事务所Lens Ass，他们对酒店的外立面进行了很好的修复，室内高大的穹顶亦展露出来。而来自荷兰的室内事务所FG Stijl则负责室内公共区域与客房的设计，该公司合伙人Colin Finnegan和Gerard Glintmeijer曾获得"prix villegiature 2005年最佳室内设计奖"。 由于该酒店位于皇家铸币局剧院后面，布鲁塞尔大广场也近在咫尺，设计师认为，该酒店的属性应该是开放而好客的。基于这样的理念，酒店产生了种"戏剧性的亲密关系"，这样的空间关系在公共空间中尤为明显。一进入酒店，接待台、餐厅、酒吧以及会客室等都被充分暴露在最为显眼的进门处。而150间客房则围绕中庭区域展开，每一间客房都有着完全不同的设计。

值得一提的是，酒店大量采用了非常难以驾驭的紫色、橘色和绿色等色彩以及豪华的内饰，设计师希望以这样跳跃的色彩为空间注入年轻的生命力。同时，设计师还以多明尼克修道院为主题，设计了系列的图案，这些图案反复出现在了地毯、家具、大门等地方，这无疑成为这家酒店设计的最为独特的部分。END

1	2 3 4 5	6 7 8 9	10

1-5 餐厅
6-8 客房
9 空间细节
10 会议室

多米尼克·佩罗：巴洛克式极简主义

撰 文 | 川原

法国建筑界代表人物，多米尼克·佩罗36岁之时就赢得1989年法国国家图书馆的设计竞赛，其后的众多国外公共和私人委托项目则为他持续带来声誉，如柏林奥林匹克自行车馆及游泳馆、马德里奥林匹克网球中心、首尔梨花女子大学校园等。

从一系列作品，包括此次选登的两个近期项目——鲁昂体育馆、富国塔中，我们可以感知到设计背后，佩罗对城市、自然和极简主义的思考。他认为，应把整个地域看做具有自身特性的材质，只有研究地域特性后，才能决定建筑要消隐于地下，还是凸显在地上，否则，建筑会流于大众而毫无特色；建筑不应仅是放置在城市里物理学上的实体，而应融于城市的演变过程，成为地质或地理意义上的存在；他惯从景观角度做建筑，希望将自然带入城市，而他所认为的自然，也非通常认知中的在城市里造公园等，而是人类行为上的自如，很自如地停留、散步、观赏……

对于被强加的“极简主义”标签，佩罗更喜欢形容自己为“巴洛克式极简主义”，思考过程是巴洛克式，复杂，具备浪漫主义特色和梦幻色彩，但复杂最终被隐藏，归于和谐平静，呈现的是极简、纯粹、直接，没有含混。用最少的手法实现最丰富的效果，并非一味减少，而是在附加了隐藏要素后所做的必要减少，佩罗认为他的建筑跟时间、天气、环境等要素关系巨大，会因这些要素的不同而让人感受到不同状态，从而产生想不断体验和挖掘的乐趣。

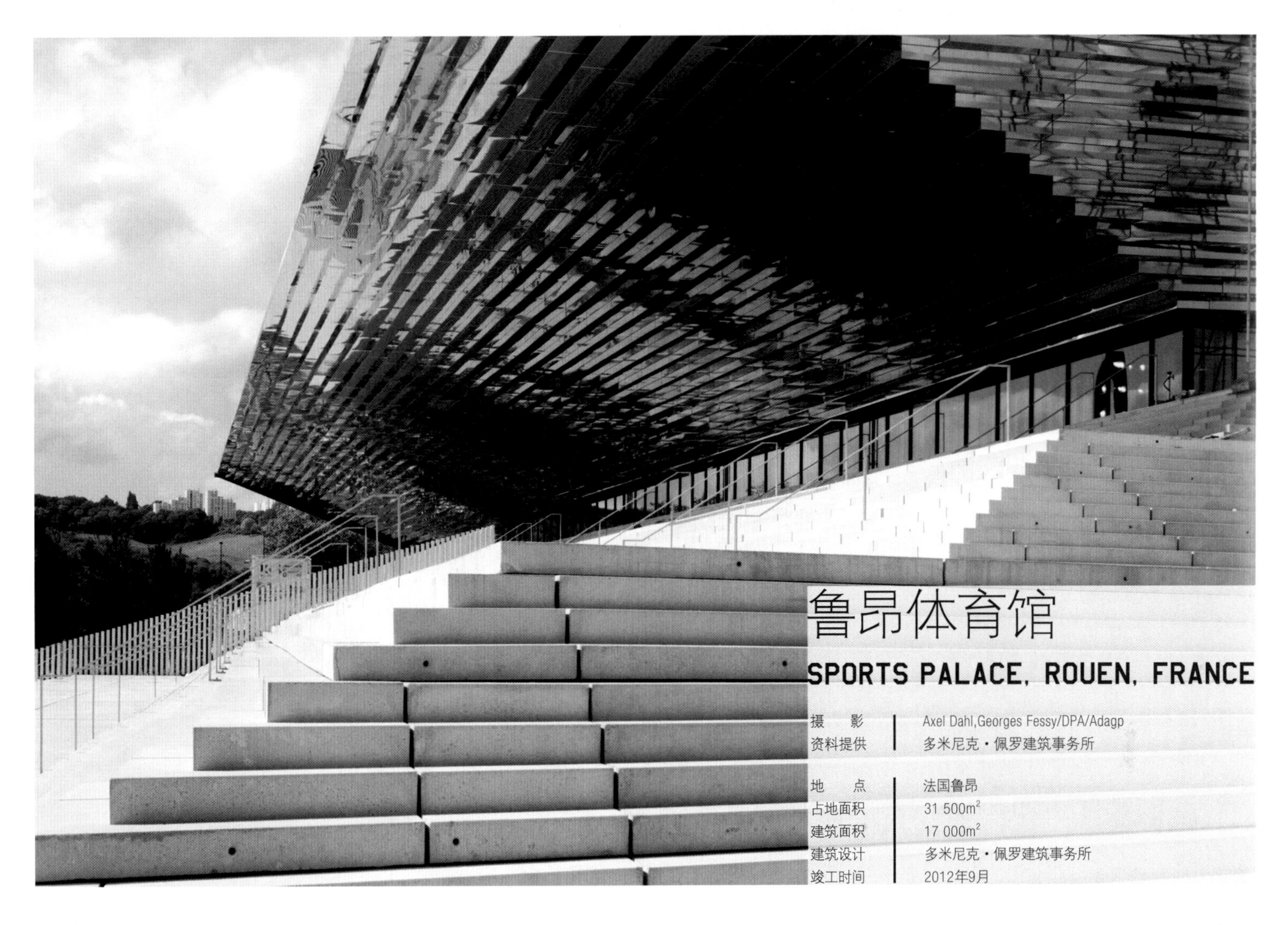

鲁昂体育馆

SPORTS PALACE, ROUEN, FRANCE

摄　　影 | Axel Dahl,Georges Fessy/DPA/Adagp
资料提供 | 多米尼克·佩罗建筑事务所

地　　点 | 法国鲁昂
占地面积 | 31 500m²
建筑面积 | 17 000m²
建筑设计 | 多米尼克·佩罗建筑事务所
竣工时间 | 2012年9月

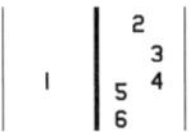

1-2 体育馆外观
3 概念草图
4 模拟效果图
5-6 模型

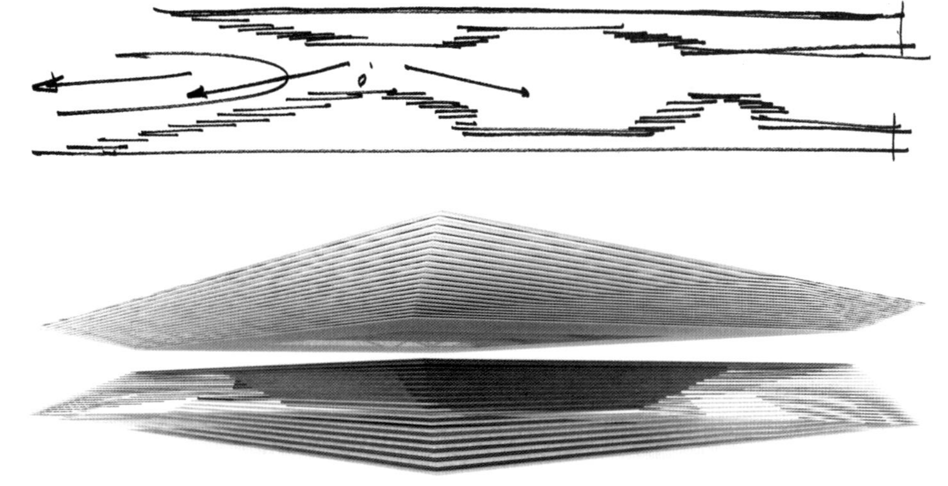

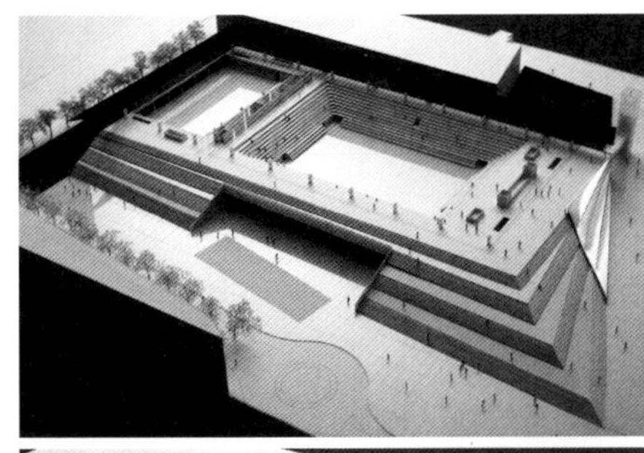

鲁昂体育馆邻近鲁昂历史中心，位于塞纳河右岸，TEOR 换乘站、76 码头和塞纳河码头之间，独特的位置，意味着鲁昂体育馆作为基础设施，将成为鲁昂城市群重点再开发项目中至关重要的一环。

重点体育基础设施通常凸显传统纪念价值，多米尼克·佩罗建筑事务所却反常规，通过将其设计成一座多功能建筑物，激活和丰富该地区的城市生活，激发城市肌理新的可能性，因此鲁昂体育馆除了具备运动设施的基本功能外，还可用于举办其他类型活动，如与体育相关或文化活动等。

两个运动场由看台分隔开，运动中心一个梯形形态，从建筑东南角扩展开来，充当了城市和运动中心的过渡区和结合点，吸引人们在此驻足、闲谈，或进入体育场内部。通过利用自然地形设计出的一系列阶梯，直通抬升的公共广场，新的地形得以创造。

佩罗的标志性设计——金属网栅也在鲁昂体育馆中得以充分应用。金属网栅如同外衣般包裹建筑，提供保护，并分隔内外，同时又保证空气、光线的自由流通，时而如镜面般反射阳光，给城市增添一抹明亮活跃的气质，时而呈现半透明的朦胧感，入夜时分，光线又由内向外透射，建筑仿佛消失……金属网栅与玻璃一起赋予了建筑非物质性的外观，与实体台阶形成鲜明对比，彰显着无限的生命活力，“传达着消失、存在和缺失的概念”。

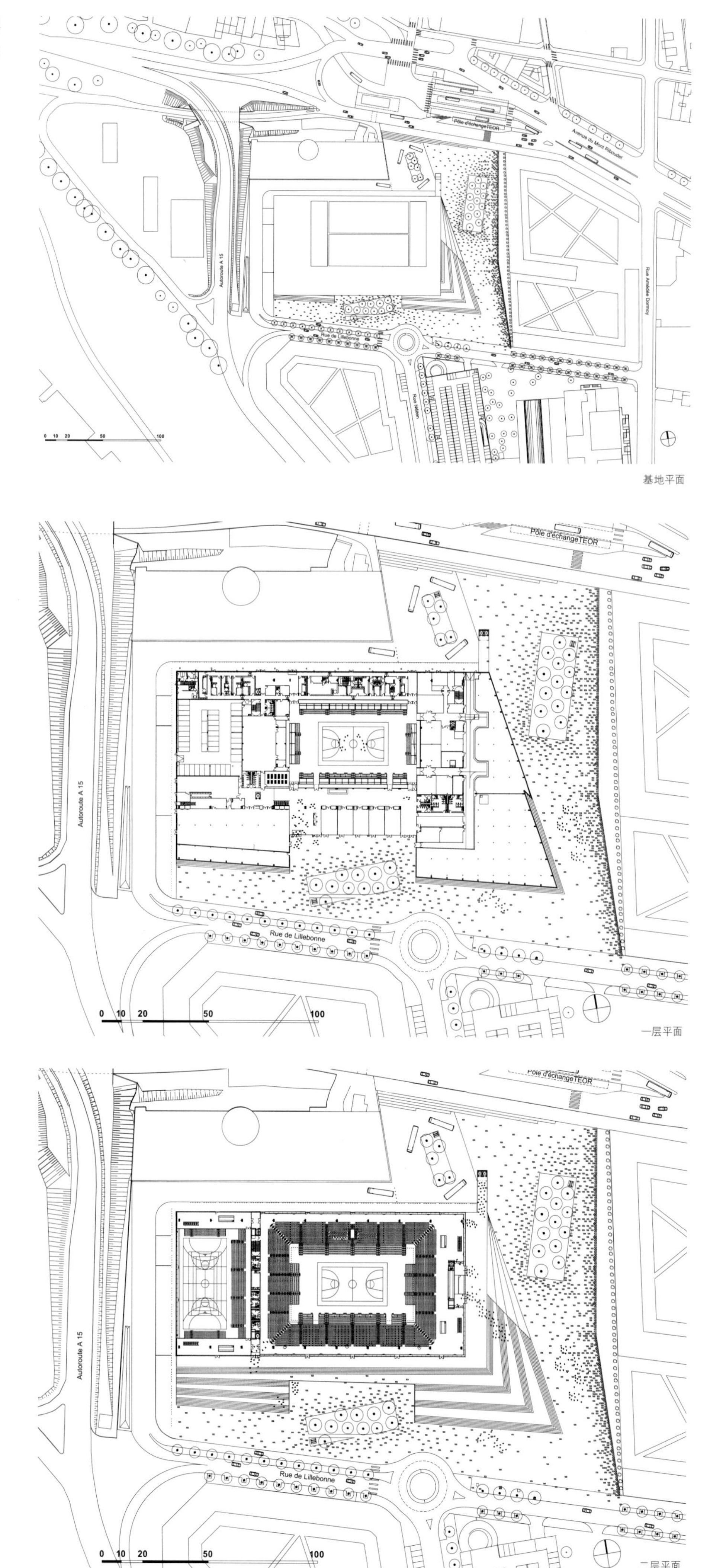

基地平面

一层平面

二层平面

1 平面图
2-4 建筑外观

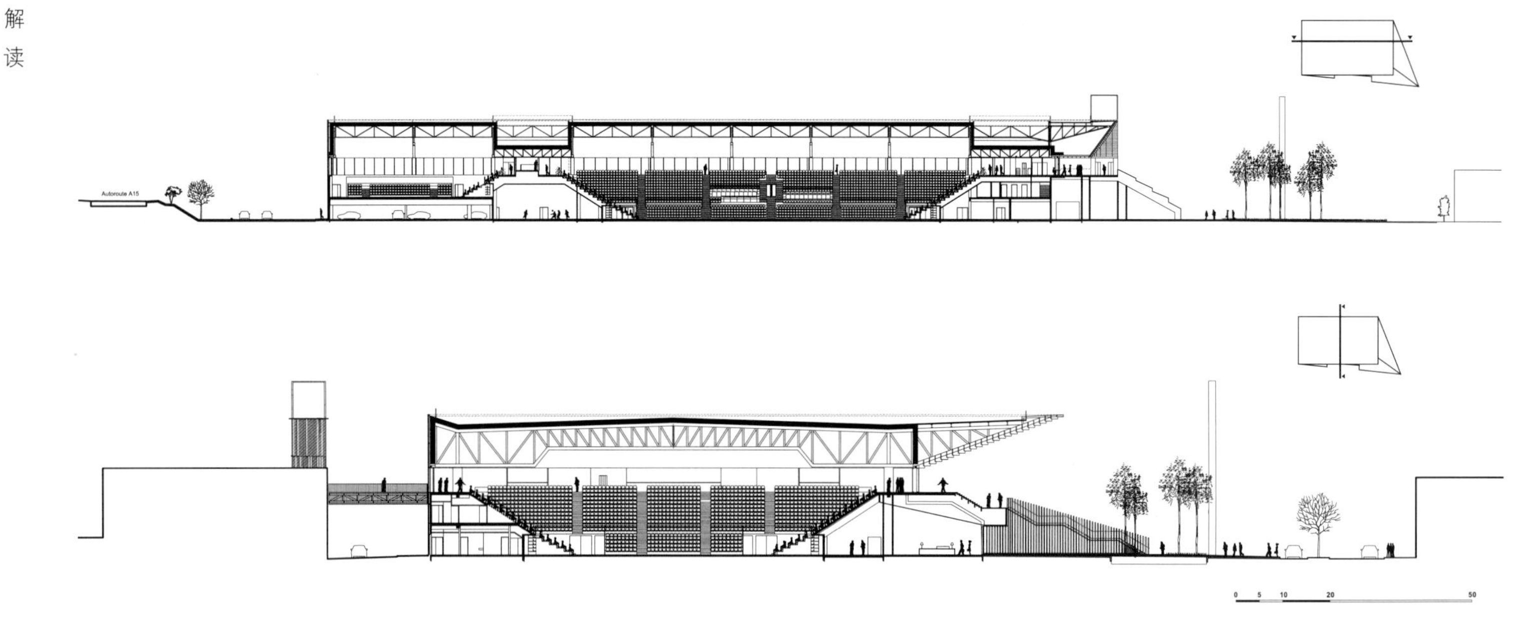
Autoroute A15
0 5 10 20 50

Kinder
Kinder

1 | 3
2 | 4 5

1 剖面图
2 运动场
3-4 体育馆被设计成多功能建筑物，除体育活动外，还可用于举办其他类型活动
5 室内局部

富国塔

FUKOKU TOWER

摄　　影　Daici Ano/DPA/Adagp
资料提供　多米尼克·佩罗建筑事务所

地　　点　日本大阪
占地面积　3 900m^2
建筑面积　68 500m^2（含停车场）
建筑设计　多米尼克·佩罗建筑事务所
竣工时间　2010年10月

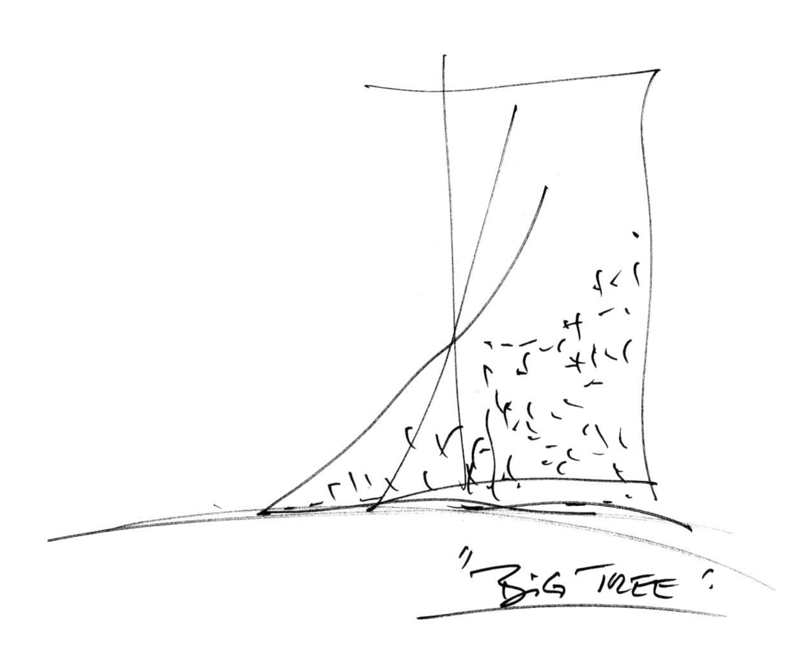

富国塔位于日本大阪主火车站的出口前方，高 133m，共 32 层，地上 28 层，地下 4 层。其灵感来自一株参天大树。如大树根系盘踞于地表一般，富国塔以巨大基座盘踞地面，底部的玻璃立面通过渐变的镶嵌镜面，倒映着天空和周遭环境，而随着建筑升高，又将外形优雅地收束变细，底部宽大褶皱的纹理逐渐过渡成亮滑的墙面，以竖向的渐近线交相辉映着城市的天际线。

极简、严谨、重复、透明、光线，提倡建筑与环境的融合，利用自然作为材料，形象的重要性、外壳的独立性等佩罗一贯的建筑语汇都在富国塔中得到了充分体现。END

概念草图

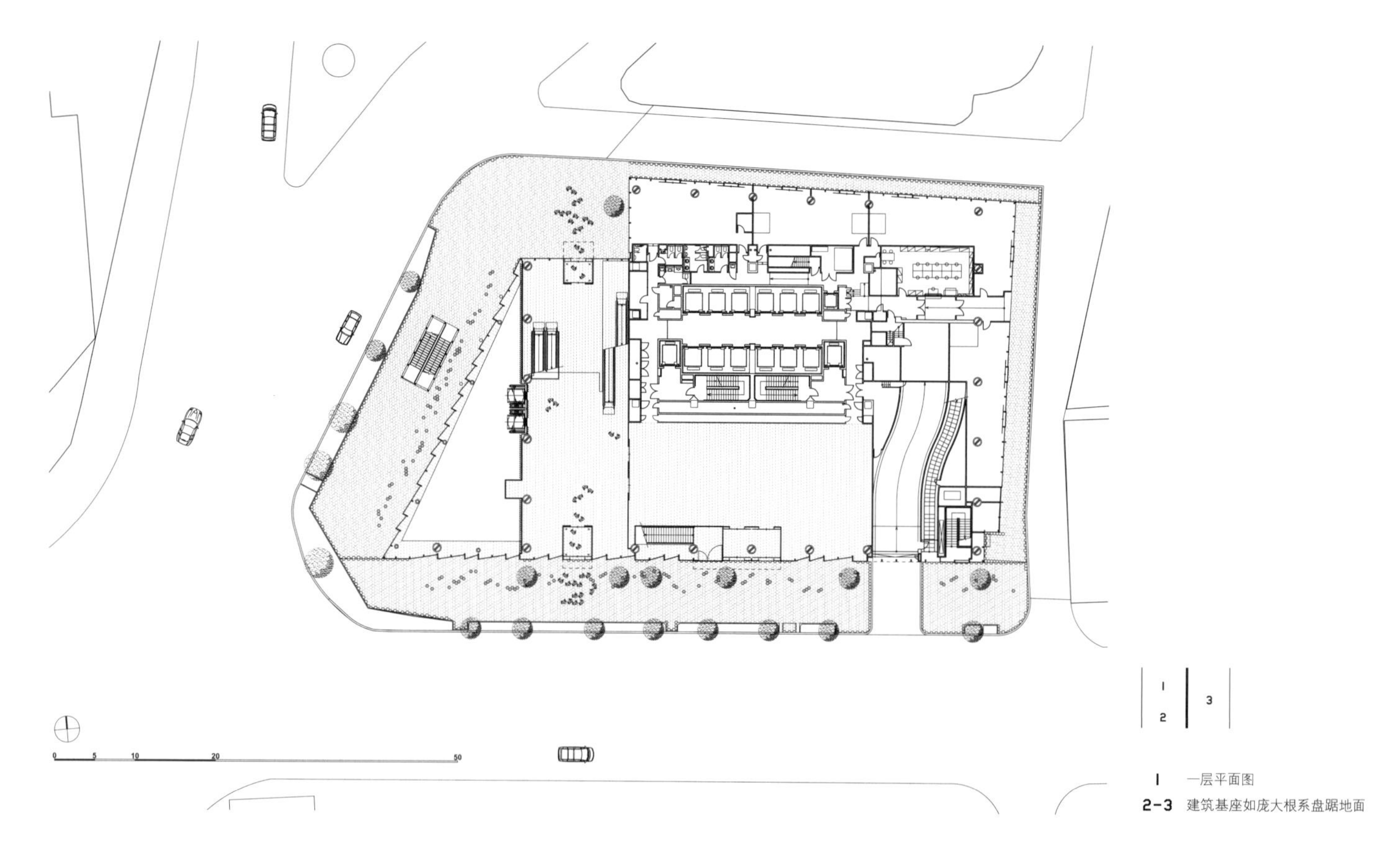

1 一层平面图

2-3 建筑基座如庞大根系盘踞地面

Big
SPACE!!
阪急前
Hankyu-Mae
P
40

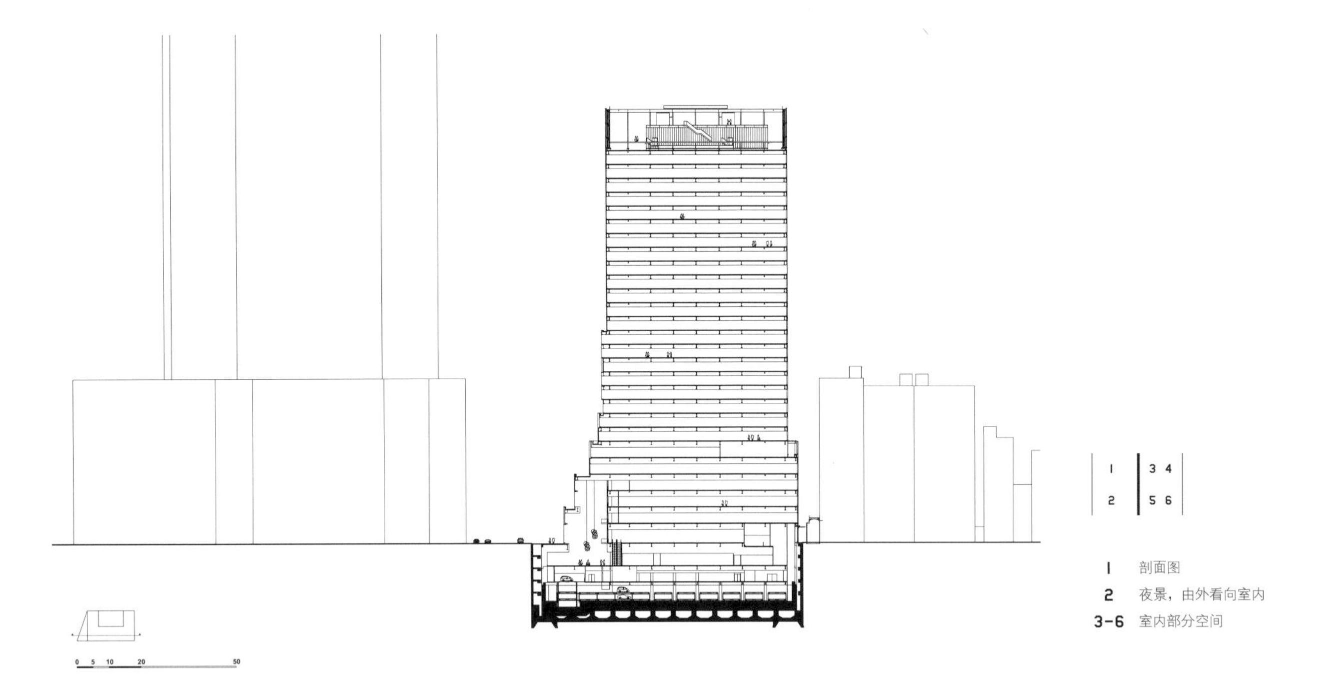

1 剖面图
2 夜景，由外看向室内
3-6 室内部分空间

余平：土木砖瓦石

撰 文 | 徐明怡

西安电子科技大学工业设计系副教授，中国建筑学会室内设计分会常务理事，兼《中国室内》、《室内设计师》、《室内设计与装修》杂志编委。金堂奖2012年度设计人物奖，2013阿姆斯特丹世界室内设计大会演讲人。主要设计作品“瓦库系列”，主要著作《对焦：土、木、砖、瓦、石》。

ID =《室内设计师》
余 = 余平

从山里娃娃到画师

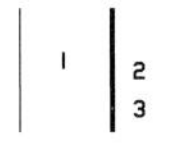

1 余平肖像
2-3 大彩办公室

ID 可以和我们分享一下小时候的记忆吗？

余 我出生在浙江省天台县，那是一个被大山包围的小县城，很封闭，唯一的出口就是通往杭州的一条翻过天台山的山道。虽然浙江是比较富裕的，但我的家乡却是个很贫困的地区，不过封闭却有个好处，那就是寺院香火很旺，很多隐士也会呆在那里，除了国清寺，还有济公这类的人都在那个地方。

到了九岁后，作为随军家属，跟着父亲坐了半个月的火车，到了新疆，变成了城里人。我就在部队大院里念完了我的小学，我一直认为，那是我最美好的时候。那段时间刚好是"文革"刚开始，整个小学阶段都没有人管，我也比较淘气，放野在那里。我住的地方是军区大院，大院是在大山里很隐蔽的地方，四面都是山，远离居住的人群。在那种地方，小朋友之间玩得很开，很野，我们爬山、钻防空洞、偷军人种的蔬菜……那是种总也回不去的印象，完全释放的感觉。

在新疆念完5年小学后，我又随军去了西安，开始了我的中学生涯。我从大山里的部队大院的孩子变成了大学院子里的小孩了，开始时，就挺不习惯的。我的中学时代是在西工大附中度过的，西工大的院子里也都是些爱学习的孩子，大人小孩都文绉绉的，讲礼仪，讲规矩。这几年我变得不太爱说话，你想，新疆是个那么放野的地方，玩得那么开心，所以，这个阶段我还没适应，就已经过去了。

ID 后来去参加高考了吗？

余 1977年恢复高考后，我去考了一次，不过落榜了，就去工作了。我去的是美术工作团，那个单位就像文工团一样，专门搞美术的，一般都是大学毕业后才分过去的。我也就很得意地进了这个单位，成为了一名职业美工。你知道我被分配去干什么工作吗？画毛像！画毛主席像！我兴奋得三天三夜没有合眼，特别特别的高兴。那天我回到家里以后，我妈妈就问："上班了，多少钱？""18块钱。""干啥的？""画毛像。"我妈妈就连着问三遍"干啥的？"

我妈妈惊呆了，你怎么是画毛主席像的，自此以后，我妈妈都不敢批评我了。我也是我们班第一个找到工作的，那时候是上山下乡时期，大家都当农民了，第一批找到工作的只有三个人，我就是其中一个。老师知道我是画毛主席像的后，就对我刮目相看。

ID 为什么会那么兴奋呢？

余 我记得在新疆的时候，我爸爸是个科级干部，见到处级干部都要敬礼，见到师级、军首长更是要拼命敬礼。有一天，部队来了两个穿便装的人，大家都给他们敬礼，连军首长都给他们敬礼。我当时就想，军首长的官衔可大了，毛主席下来就属他了，这两个到底是什么人啊？后来我才知道，他们两个是敬绘毛主席像的，只要和毛主席沾边的人，大家都要向他们敬礼。在当时，敬绘毛像是非常受人尊重的，这两个画毛主席像的人也给我留下了非常深刻的印象。后来，这两个人每天都从我们家门口过，小朋友们都会去看，因为他们是两个那么受人尊敬的人。有一天，天比较冷，地下都结了冰，两人从我家门口过时，摔了个跟头，一个摔一个扶，全都摔倒了。他们也没喊疼，我们去把他们扶起来后，他们也不说话，我们才发现，原来连军首长都要敬礼的人是两个哑巴。

ID 为什么会挑中你画毛像，这在当时应该是个让人挤破头想干的活？

余 我原来小时候就一直画画，在中学的时候就算画得比较好的，所以，基本功挺扎实。人家看我这娃挺乖的，而我又属于烈属，就找我去画毛主席像了。当时，我们单位还有油画组、包装组、平面设计组。

ID 你一去就直接画毛主席像了吗？

余 没有，要练习的。不过，我去工作的时候已经是文化大革命的最后时期，需求量缩小了，培养我这样的人，算是最后一个。我一直拼命苦练，练了一堆，还没正式上岗，毛主席就去世了，所以，我也没有正式画过毛像；后来就练华国锋像，好不容易练熟了，又换届了；我又开始练习邓小平像，不过邓小平又发表讲话，说"不要把我挂在外头，叫小鸟在我头上拉屎"，他说话比较俏皮，其实就是不要搞个人崇拜主义，我就彻底没活干了。

ID 那时候想过以后的发展吗？

余 其实我去做这个单位时，单位约定我们不能参加高考。单位里认为，这工作就是你的专业了。当时，我们去的10个人都签字画押同意了。后来，大学生陆续毕业了，我们才觉得是否大学毕业是完全不一样的，我们就集体去闹，要求补文凭。1986年，我就去了天津工艺美院，去了以后才发现，社会上有一批像我这样的人，像刘杰、王晓苏、张强等这些室内设计界的大腕们当时和我都是一个班的。我们这个班的学生实力很强，大多属于来补文凭的，老师觉得我们太厉害了，就让我们自己学。到了1980年代后期，毕业后就各自回到了工作岗位。

初探“室内设计”

ID 毕业后还是回美工团了吗？

余 1989年，我毕业时，室内设计这个行业还没有，但是装修这行已经有了，而且全国已经开始“上下大装修”。在这样的背景下，我们开始有点专业方向了，我们这拨人是西安最早从事室内设计行业的。到了1994年的时候，我们几个都搞得还不错，就想着凑在一起，把做的这件事情“合法化”一下，注册个公司。于是，大彩（即西安大彩设计工程有限责任公司）诞生了。我们有5个人，我算挑大梁的，担任总经理兼总设计师，而我们互相之间也有着互补性，后来，我也把西安设计好的人都网罗到我们公司，把公司也搞得很热闹。当时，大彩算西安最大的室内设计公司，在全国也颇有名气，是最早的室内设计公司之一。

ID 大彩是怎样的形式？仅接设计任务，还是也有施工？

余 我们是把设计和施工结合起来的，我不仅负责管理，从设计到施工现场也都得跑。我们公司的实力不错，我当时把西安设计好的人都网罗到我们公司那里，把公司搞得红红火火的。在其他公司都在抢单子的时候，我们单子反而是一个接一个，也取得了一些小成绩。1998年，在室内学会主办的中国室内设计大赛上，陈耀光获得了公装一等奖，我获得了家装二等奖，当时一等奖空缺，二等奖代替一等奖；在中央电视台第一次举办的居室设计大赛里，“全国十佳”大部分都是北京、上海和广州的，我也是其中之一，西安就我一个。

ID 按照这样的发展，大彩的业务发展很好，后来为什么淡出了呢？

余 虽然活比较多，但我也是个认真的设计师，下工地也比较多。所以，几年后，我的身体也被甲醛熏垮了，2000年跨世纪的时候，我就倒在医院里了。那时，刚干完一个夜总会，甲醛导致我的免疫力下降，风一吹就感冒。我开始意识到，虽然室内设计师当时是个朝阳行业，但对某些人是有一定伤害的。于是，我就把公司交给副手，自己开始行走疗养了。

蛰伏于乡间

ID 你的疗养应该不是狭义上的找个疗养院度假吧？

余 我其实是去了很多原生态的古村落，玩得很开心，还拍了很多照片。回来后，我发现这些古老的村落不仅好玩，也很美，很有艺术感染力，然后再去走的时候，发现它也好用。自此以后，就对古民居的兴趣越来越浓，回来后，就用这些感悟去做少量的设计，大部分实践仍然在行走、记录这些东西。

ID 悟出了什么呢？

余 将这些中国传统民居的基本元素释放出来后解剖，其实就是土木砖瓦石，这也是我最近在写的书的主题。从古至今，中国的建筑就是从土开始，到石头、木头，再到砖瓦，而西方建筑的原理也是一样的。在水泥和玻璃这些建材诞生前，承载着人类几千年文明史的就是这五个元素，我有意识地把镜头拉近，近距离地对着这些东西，如石头如何码放？木头如何咬合？夯土的技术又是怎样的？我就带着这些问题一边思考，一边拍摄，拍了大量的照片。十几年过去了，在我觉得可以驾驭这些材料后，我就再也不去建材市场买原料，而是将这些原始的，甚至废弃的材料放进我的设计里。

ID 可以分享一些记忆深刻的行走片段吗？

余 我心里有一百多个好地方呢，都是些很放松、也很舒服的地方，不过，我去的更多的不是那些自然风光很美的地方，而是有民间人文文化的地方。比如西安旁的陈炉古镇，我呆了差不多6年的时间，每年都反反复复地去，我和里面的老百姓都特别熟，他们不知道我姓啥，我也不问他们。他们都知道有个提着相机的人，大暑天、下雪天、雨天、刮风……什么季节都会出现。我觉得这个地方特别可爱，因为这里的土是干土，就是烧陶的土，离这里不远处又有煤，他们就一边挖，一边烧……于是，陕西和甘肃的手艺人都聚集在这个山洼里，形成了一个又一个小作坊。这里主要出产大量北方使用的粗陶瓷器，营销到四邻八乡，包括内蒙古、甘肃和陕西等，我们过去使用的都是来自陈炉的器皿。这里的老百姓也因地制宜，就地取材，怎么经济适用就怎么来。陶烧坏了怎么用？他们就和点土，烧成砖，自己盖房子。床是需要导热的，做晚饭时残余的热量跑掉又可惜了，就用大片防火砖做成炕，一夜都不会凉。还有那些菜坛子、盐罐子之类的，家里都能自己烧，连枕头也是烧的……他们使用的几乎所有生活用品都是自己造的。

看着他们使用的道具，听他们讲着过去的生活，我想，一个与景德镇齐名，曾经那么辉煌的地方衰败的原因是什么？我想可能是生态环境的变化，人口增加了，水源不够，人要喝水，泥也要喝水，水资源少了，陶也衰败了。不过，在这里，每天都可以欣赏到很好的景，陈炉的2万人口就靠着两口井过活，强壮劳力都要去挑水，久而久之，鸡一叫，他们就去挑水了。他们一手要拿烟袋，还要哼着秦腔，所以只能是副吊儿郎当的样子，不过这也是真功夫，扁担往肩上一打，还能以轻松装保持平衡。后来我才知道，木桶里都有块轻飘飘的薄木板，只要往里一放，水就再也不会出来了。他们挑水时，自由自在的，人都在晃，又吼着秦腔，很有意思。我觉得这就是幅人文的景，和那里完全是一色的陶，像耐火砖一样的建筑，融为一体，特别美好。

在陈炉，每家都是把废弃的下水管搬回来做烟囱，大缸烂了个洞后也拿回来做烟囱，都挺有想法的。我拍了很多照片，这里环境和人的关系相辅相成，环境会把人改变，连长相都会改变。有人说，陕西人和兵马俑有点像，一方水土养一方人，模子总有那么点相像的。陈炉人长得就像烧烤的馍馍，圆嘟嘟的，额头亮亮的，还有件很有趣的事情，在陈炉，你看烟囱砌得是啥样，人就长得是啥样，有个长得很瘦的老头，脾气可大，老要找人吵架，他家那个烟囱也做得细细的，冒着小烟，直往上喷。

ID 现在你除了做设计，在大学也担任教职，还有时间行走吗？

余 是啊，我每年上半年课，从3月到7月，我等于被剥夺了个多么美好的季节，已经很久没有见过春天了，每年都是开春的头一天开始上课，一直等花开烂了，我才能出去。以前在公司做的时候，我是总经理，可以自己安排自己，譬如西安发大水时，雷鸣闪电的，我就立马开车去山边，沿路喊人，去看大洪水从山谷里冲出来。那时，你就会觉得大自然的力量有多大，一会一个电冰箱过来了，一会一个床板过来了……这样的生活可好了。

1–2 大彩办公室
3 层层叠叠的靠山窑
4 陈炉砖构成的民居
5 匣钵与陈炉砖
6 罐罐烟囱

从“瓦”开始

ID 你如何将这段时间的思考植入实践中的呢？

余 我想从瓦的实验开始，但这个实验平台应该是可以和所有公众见面的场所，那就不能是别墅这样的私人场所，而像机场那样大型的公共空间体量太大也不可能。我觉得茶馆是个比较合适的属性，因为瓦和茶本来就有着某种微妙的联系，茶叶本来就是种特殊的树叶，树叶可能落在瓦片上，经过翻炒后晒干变成茶叶，在茶馆里又绿了回来。

ID 设计师的实验不像艺术家那样可以独自去做，需要业主来买单，您是怎样为自己寻找业主的呢？你是否同时考虑到让这样的实验空间在市场上站住脚？

余 其实，刚开始我找了一圈，很多人都支支吾吾的，于是，我就自己出钱做了第一个瓦库。我算是比较有经验的设计师了，在如何摆布空间，设计流线之类的方面是不大会出现错误的。但这样的实验空间要能赢得市场的认可，才能说明设计是成功的。如果设计师单纯把个人的感觉，或者所谓的文化放到里头，就只能像完成一张摄影照片那样，这样的空间最后并不能持久地在社会上生根。这对我来说也是第一次实验，我既要令它迎合市场，还要在空间里有自己的坚持，这样的混合体就是瓦库 1 号。

ID 商业上成功吗？

余 做好后，我就到海边的小镇度假去了，他们告诉我，来瓦库的人排队。我很高兴，我觉得我这次对市场尺度的配方是成功的，而且也坚持了自己的想法。因为有了第一个的商业上的成功，就开始陆续有业主找我，再做第二个瓦库，那个在大雁塔边上，做完之后很成功；完成后又有了第三个，然后就陆续到了外省，像郑州、洛阳、南京、乌鲁木齐、苏州，又有了南阳，现在济南的也确定了，还有很多人正在等待加盟。只是我的精力非常有限，必须严格筛选投资者。总体来说，瓦库还是在商业上挺成功的，有一定市场的。

ID 瓦库系列的设计都一样吗？能梳理一下瓦库的设计理念吗？

余 一开始以“瓦”为主题，是出于对瓦的情结。因为，瓦是一个被城市抛弃，被乡村也搁在墙角下的东西，我们应该把它重新捡拾起来，重新对过往失去的东西，去怀念，去记忆，这其实也是种文化的记忆。

后来，到了南京的瓦库 6 号时，我所注重的变成“打开窗子，让阳光照进来，空气流通”。我曾经身上带了那么多毒素，自己倒在床上，虽然普通人不会像我这样因为职业弄得通体毒素，但多多少少这样的毒素也会分散在每个人的身上。对设计的生态环保问题，我觉得不应该用语言来形容他，而必须从心底去做，我就开始解决瓦库的自然通风问题。当你走进房子后，即使停电了，也可以正常营业，包括厕所，都至少有那么一小束光。

ID 很多设计师都会纠结于个人的风格，瓦库在设计上是属于什么风格的？

余 我认为我的设计已经不会纠结于归属于东方还是西方的争论，十年来，我所希望解决的问题就是——阳光与空气，室内的一切都要为他们让道，最接近阳光的就是最好的。无论装修是奢华型的还是朴素型的，我认为靠近窗户的地方是最好的消费区域；而离窗户远些的中间区域则是排第二位的，如何在商业空间中，令多余的阳光分流一点至此，是我一直试图去解决的问题。

1-3 瓦库7号

ID 那你的设计原则是什么？

余 阳光和空气，一切都为阳光空气让道。根据阳光的原则，空间很容易被区分为一二三等。我想，人们愿意来瓦库消费，其实，消费的就是空气。瓦库的窗户都是可以打开的，即使业主有再大的热情，再有钱，都必须选那些可以打开窗的空间，我觉得很多主流设计师，甚至是国外的设计师很容易忽略这点。

ID 是不是意味着你抵制使用玻璃幕墙？

余 像肯德基之类的那种空间虽然也有窗户，但我认为那叫做“玻璃墙”，我所谓的窗户是必须可以自由打开的，如果很难打开的话，你也会懒得开。这样，自然的光与空气才能进来，打开窗子，浊气才可以赶出去，新鲜空气才能进来。我拿到设计任务后，如果是不能打开的窗子的话，都必须把窗户换掉。

ID 在你的设计里，有什么秘密武器吗？

余 吊扇。只要找我余平做设计，空间里就必须用吊扇。有些人认为，吊扇没有空调豪华舒适，显得很寒酸，但我一直非常坚持。我在阿姆斯特丹世界室内设计大会上的演讲中就有一个章节是“重新认识吊扇”。吊扇曾经是人类的高科技产品，在100多年前，它就是最先进的东西，既节能又低成本，还能起到吐故纳新的作用，令空气进行远程的输送，我家里就装吊扇。但是我们人类总是匆匆换代，觉得老的东西不好，就像手机一样，功能还没被用完就换了一代又一代。吊扇也一样，它的功能也没有被释放完就被边缘化了，但是它如果在合适的地方仍然能发挥它的作用。吊扇于我而言，就同瓦一样，都是被逐渐边缘化的东西，重新认识这些事物的价值，我认为是值得提倡的，也是我一直坚持的。

ID 确实，空调几乎取代了吊扇成为人们的必需品了。能说说这两者除了能耗上，还有什么不同吗？

余 比如我设计的西安左右客酒店，我一定要做吊扇。其实，当你进入酒店客房后，如果是高级酒店，它就会把空调事先打开，控制在22℃到24℃，在这个气温里，你的嗅觉会失灵；但是酒店档次低些的，就会使用分体空调，你进入后就会慌得很，昨晚滞留的夜宵味，遗留的烟味都会让你慌得很，你就想拉开帘子，透点缝。现在，我可以告诉你一个方法，只要打开吊扇，出去溜达十分钟后，房间就清新了。

ID 让客户使用吊扇，困难吗？

余 有很多人确实不理解，他们认为在当下的时代还使用吊扇的话，就等于回到了过去。我认为，那是他们的观念落后，我对每个业主都会讲使用吊扇的好处，他们也愿意听，如果不能接受的，我也不为他们做设计了。

设计材料生命论

ID 你的设计是从“瓦”的情结开始的，为什么是“瓦”？

余 当我们谈到文化的问题上时，通常会讲正史，谈博物馆，而所有的这些大多是关于宫殿、关于皇宫与达官贵人的生活，因为这些在传统意义上才更有价值，却和普通老百姓的关系并不大。我认为这些历史带着些“铜臭”，无关老百姓的真实生活，而我更偏爱的是那些来自民间的文化，那是种为了生存的文化。

比如陕北人也需要住房，需要生儿育儿，但这块土地上并没有花岗岩、大理石，方圆几十里都找不到石头，哪怕挖到地球中间了，也都是黄土，这里就只有那么厚厚的黄土。怎么办呢？只能向土地要资源，挖洞。有的地方有煤，就把泥烧成砖，砖是种很廉价的材料，自己家就能生产，他们几乎可以用黄土和砖解决所有问题。我看完以后才发现，伟大的设计都是来自民间。他们在受到自然环境的限制下，自己开动脑筋，这样的智慧并不是一个人的，它是一个村子，一个县，甚至半个省；也不是一代人，而是几代人，将一点点的智慧集合在一起产生的。我觉得这样的智慧远远大于博物馆里的那些。但这些却被正史所忽视，就像跌落在底下的瓦不被重视一样，我想把它捡起来。其次，我生活在中国的西部——西安，我既然在这个地方，就应该做最适合西安的设计，砖砖瓦瓦的就是最适合西安特质的。有句老话叫“地域的就是民族的”，真正理解后才发现，这话是真理。

ID 这几年来，“瓦”还是最初的“瓦”吗？

余 我其实一直带着思考在行走。我认为，我的设计是种可持续发展，叫材料设计的生命论。“瓦”前面应该有个定语——有历史年份的旧瓦，旧的东西就会动人，新瓦就什么也不是了。这里头其实有个奥秘，就是这些材料都是具有生命的，比如砖从诞生到风化的寿命是 800 年，我拿着 100 年前的人使用过的砖，就相当于这是块 20 岁的砖，他就有阅历了，他懂得很多事情，他会谈恋爱了，开始独立了，他不像稚嫩的婴儿那样，没有任何的记忆。所以，在使用了这样的材料后，我的室内设计就不是全新的设计，而是有故事的设计。谁在讲故事？就是“瓦”，因为它们在外面已经呆了些年，而当以后，室内空间要拆掉的话，他们还可以持续进入另外的空间。也就是说，这些材料曾经在室外的风雨中呆过，后来又在室内享乐地不愁温饱地呆了些年，又会再进入别的环境。

ID 在你的设计中，全部都是已经有故事的旧材料吗？我觉得这很难做到。

余 是的，有些是新的，但我会用我的方式令它有故事，只是在我设计的空间里，所有的材料都必须具有生命属性，比如旧瓦和旧木头。但我找不到旧的砖了，就使用了新生产的砖。土砖会有污染，所以必须是陶砖，我用人工的手法催化它变老，这也是种合理的手法，我让它的尖角变成圆角，好似狂风将它吹成这个样子；它完全是透气的，还可以吸水，将茶叶直接往上一倒，就形成了岁月……一年、两年、三年以后，它就开始成长了，只是它还算个小字辈，它与那些老的瓦和老的木头那些同样具有生命历程的东西在一起后，相互形成物与物的对话。

ID 我能想象到砖的这种做法，还能举些有意思的例子吗？

余 我筛选的标准就是那些可以呼吸的，可以变坏的，这些就是在我心里最美的东西，瓦库

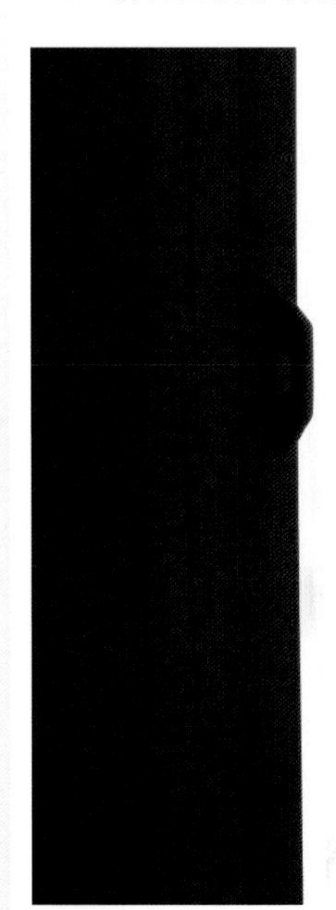

1 左右客酒店的庭院房
2 左右客酒店前台
3 左右客酒店公共空间

里大量的布艺都是我们自行设计的。在我眼中，化纤材质埋在土里50年也不会坏，它不会演变，不会与风雨交合，而全棉则是我唯一的选择。全棉的材质本来就是自然的，一不留神就会打褶，这在很多人看来是它的缺点，我认为爱一样事物就要同时爱它的优缺点，我要把它的这种特性变成优点。我到棉布厂去买了很多白棉布，这种材料在中国非常便宜，而且是不登大雅之堂的，以前人们只是用来吊孝的。我认为，所有的事物都是会改变的，我希望将那些原来被人们忽视的东西登上大雅之堂，成为焦点。我把这些东西经过处理后，做成了窗帘、沙发套、靠垫等，结果反响非常好。

ID 现在西安的瓦库10号已经竣工，听说，你已不再亲自设计瓦库系列了？

余 是的，关于“瓦”的实践会暂时先告一段落，以后瓦库的设计会复制，这些都会让我的徒弟们来完成。

ID 之后会有什么打算吗？

余 我的一生，以后就决定用“土木砖瓦石”来做，瓦已经做了那么多个了，已经成系列了，那么我第二个要着手的就是“砖”，我希望只用一种材料解决所有问题，左右客就只是小面积用了点瓦，连吧台、总服务台、卫生间的墙都是用砖的。下一个目标是做木头，我已经有想法了，只是需要一个好的投资商，我就能做好。我也有兴趣用土来做建筑，正在找地产商合作，但需要他们任由我发挥。我要只用土和水泥来盖房子，我把土理解为建筑中最为温暖的一件棉袄，非常保温保暖，但又要让它变得好看。我有好多种想法，能让看上去生命并不长的土一百年不塌。而形式上，我希望延续中国人热爱的四合院的形式，融合中国东西南北的各地精华，尊重朝向，以阳光为主，我想把这个来源于传统的设计做得时尚与现代。我会一个系列一个系列做，我的方向特别明确，不过我已经五十多岁了，我不知道我还能做几个，我觉得我还有很多东西可以做。

ID“土木砖瓦石”的概念是不是仅局限于这五种材料本身？

余 不是，当我去整合设计生命论的时候，我希望不局限于这五种材料。比如水泥，水泥是可以被污染的，我认为只要会被污染、被风化，最后变坏的材料都是我的对象。哪些材料不可以呢？PVC、玻璃、不锈钢……这样的材料，而像过度研磨过的石材以及过度油漆过的木头也不可以，像石材和木头这样的材料本来是可以的，但人已经把它们的生命属性扼杀了。我会用我自己的方法去分辨材料的生命属性。

ID 瓦库现在已经成为连锁店了，你对这个品牌未来的发展有规划吗？

余 我已经把品牌权转让了，虽然我知道这个品牌就像只老母鸡一样，只要守住它，它就会不断地下蛋挣钱。但我觉得，如果我自己经营这个品牌的话，我就会从纯粹的设计师变成一半商人一半设计师了。以后，你们就只能去企业家协会之类的场合找到我了。等我想明白这件事情以后，我就觉得应该让自己单纯一些，让自己有空间反思。

ID 从大彩离开后，你的行走产生了瓦库，那如今的反思又会是什么？

余 我现在的脑子有点木，要到民间去充电了。我觉得我可能会去重返文化，但我现在理不清这个思路，可能出去后就会想明白。

ID 其实，在现在的设计界，“文化”已经不是个新鲜的说法，你能具体谈一下你所理解的文化是什么？

余 我也讲不好，我想有可能是关于宗教，我认为从一开始设计的时候就把这些禅宗、佛家的东西加进去是不对的，如果一开始就走这条路的话，会把设计师变得很纠结，我看到我周围很多设计师一直读书、翻书，一直做设计，却一直憋在了文化里头。我觉得在大家都在大谈文化，大谈科技的时候，我可能会在绕了一圈后，再去寻找。

ID 你的中国文化切入点会是什么？

余 我喜欢老庄的哲学思想，一切谁为大？谁为先？设计里可以一切为自由让道，为阳光空气让道，我可以不为任何其他条条框框制约。与西方设计师相比，我们确实还存在差距，在许多方面，国外都走在了我们的前面。他们对细节的追求令我们在技术上很难超越他们，但我觉得，借助中国的哲学思想，我们就可以打败老外。也就是说，将文化的那种纠结彻底淡忘，然后再把这些东西找回来填充一下。就像王澍那样，虽然我并不认识他，但我欣赏他借助历史的嫁接，转换成自己的当代设计语境。END

西岸的后现代叙事
首届上海西岸建筑与当代艺术双年展

撰　　文　XMY
摄　　影　XY
图片提供　西岸2013建筑与当代艺术双年展组织委员会

搅拌车间为艺术家带来了史诗般的想象空间，穹窿的黑暗孕育了别样的艺术展览，一场有关现代工业记忆的复兴计划悄然在徐汇西岸兴起。

首届上海西岸建筑与当代艺术双年展是国际上较少的同时以建筑和当代艺术为主题的双年展，也是继上海双年展之后上海创办的第二个双年展品牌。展览以《云戏剧：上海奥德赛》拉开帷幕，分为室外建造展与室内主题展两部分。室外展部分为"营造"（Fabrica）国际建造展，11座出自国内建筑师之手的房子和建构物将在滨江区域逐步建造起来；室内展以"进程"（Reflecta）为题，分为建筑、戏剧、影像、声音四个特展，分布主场馆预均化库和油罐、仓库组成的空间之内。在为期两个月的展期内，主办方策划了30多场公共活动，希望吸引游客前往徐汇滨江体验上海的工业遗存和城市记忆。

在地理区域概念上，西岸是位于徐汇区浦江西畔的一片狭长地带。整个 20 世纪，这里曾是上海的现代工业场所，有过近 200 座工厂，包括这座城市最老的水泥厂、飞机制造厂以及建于 20 世纪初的最早交通枢纽——龙华机场和铁路南浦站。2010 年上海世博会开幕前，和世博园隔岸的工厂全部搬离完毕，西岸成为工业陈迹。而现在，作为上海"十二五"期间六大重点功能建设区之一，徐汇区开始打造"西岸"系列文化工程，其中将有传媒港、户外美术馆群、演艺剧场群以及东方梦工厂。

其实，在全球范围内，像西岸这样作为现代工业记忆而存在的现场并不少见，早些年最著名的改造案例是伦敦泰晤士河南岸。在城市决策者与设计师看来，在旧工业时代留下的躯壳中重新填入文化或者艺术的模式，早已成为全球通行的城市更新范本；而对文化或者艺术而言，这样的场所亦是最合适的发生器。

这次的主展场是原上海水泥厂的预均化库，这一圆形建筑占地 6 000m^2，设计极简，是一座用于搅拌水泥的巨大厂房，长达 30m 的机械臂盘踞于地面。它曾经被时代抛弃，但又被时代重新宠爱。在那巨大的穹顶下，弥漫着的历史尘埃还尚未消散，在艺术的聚光灯下，它作为新时代的意象，又在升腾。而它那犹如万神殿般的圆形，正吻合了这开幕演出——牟森回归之作《上海奥德赛》的叙事结构。

历史与文献的线性叙述手法成为此次展览的主要框架，诸如上海开埠 170 年，《春之祭》100 周年，《意大利未来主义声音宣言》100 周年，中国当代艺术 20 年，中国实验戏剧开山之作《彼岸》20 周年……这样众多的节点则成为策展人追溯历史的切入点，而偌大的水泥厂需要承载的是此次策展人梳理出来的四个线索：戏剧、建筑、影像与声音。

作为戏剧部分的总叙事和艺术总监，牟森将此次的回归之作称为"一种连接性的戏剧"或者"跨媒介巨构"。此次，牟森将一切的表演要素结合在一起。但牟森不是后现代的，这些要素并不是自由散漫地独立存在，他有他的叙事线索，也有他的建构过程。在后现代的文化语境中，牟森的作品保护了建构的冲动与能力。他说："'云戏剧'并不是传统意义上的戏剧，它并不是由情节来串联的，而是由若干个独立艺术家的作品链接而成的超大规模、紧密相连的东西。它一定要有特定的主题，最重要的是要有一个时间性结构，这也就区别于普通的展览作品了。"

反观建筑、影像与声音特展，策展人其实使用的也是宏大叙事的"奥德赛"手法。以建筑展为例，该展览选择的是从 2000 年以来比较有代表性的建筑师和建筑作品，除了 61 位中国建筑师外，还有 10 位在中国留下过标志性建筑的国外建筑师，如 CCTV 大楼设计者库哈斯、鸟巢设计者赫尔佐格与德梅隆等因为作品而入选，"至少 90% 的中国最好的建筑师都已经参加了这个展览"。确实，这个展览里网罗了几乎全中国最优秀的建筑师，展示了一些或经典、或新鲜的建筑作品。但借助这些展品，或许只能依稀看到近些年中国快速发展的热闹图景，而"历史"、"档案"这样的词汇是我仅能寻找到的展览线索，我无法在这个大而全的展览中探究出导向性的主题。

张永和将这次展览定义为"后现代主义的"，"后现代时代和现代时代的最大不同就是复杂了、混乱了、矛盾了，这是全球化影响下的必然后果。这不是被建筑领域定义的，而是被文化领域率先定义的。我们这一代建筑师就非常批判后现代主义，但往往泼一盆水时，把娃娃也泼出去了，这个娃娃就是开放的态度与自由精神。"他认为，"目前的建筑圈非常的窄，大家都觉得建筑师的房子盖得非常像，因为趣味都是一样的，而后现代主义的房子虽然有些丑，但那些人却很投入，这些都是独立的价值观。这次西岸双年展从某种意义来说，就是个后现代主义的大展，而不是个非黑即白的二元论。"

不过，也许我们无法用专业双年展的眼光去苛求这次双年展。与专业双年展相比，此次西岸双年展是完全不同的，它的整个目标设定都是不同的。总策展人张永和承认：不同的时间概念使"双年展"的名称对于上海西岸可能只是一个人们熟悉从而便于传播的符号。

而这个"没有规矩"的符号又会为徐汇滨江带来什么，我们拭目以待。

1 | 2 3 4 5

1 中心展馆内部穹顶
2 中心展区－声音特展油罐
3 油罐内部
4 霞光里的塔吊
5 中心展馆外观

超链接的上海奥德赛

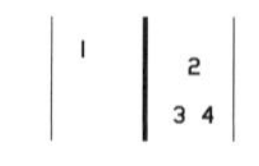

1-4 上海奥德赛

《上海奥德赛》的起点，是20年前的《彼岸》。《彼岸》是牟森的转折性作品，当时，牟森带着14个学员在北京电影学院演员培训中心做了整整4个月的表演和身体训练，最后的表演中，"空间变得像动物园，他们（演员）仿佛各种老虎、豹子、狮子，勇猛又灵活"。牟森的合作者、诗人于坚曾形容牟森"活像一个人群中的唐·吉诃德"，"除了彼岸以外，一无所有"。当时，崔健还突然把牟森叫去，说看完《彼岸》后，十分激动，为此专门写了一首歌，想放给他听。歌名也叫《彼岸》，后来被收录进了崔健1994年的专辑《红旗下的蛋》。

此次艺术策展人高士明一直认为，1993年《彼岸》席卷了文艺界众多躁动不安的人群，"堪称中国历史上第一次跨领域、跨媒介的艺术运动"。2013年初，他找到牟森。"今年是《彼岸》20周年，我们能不能做点什么？"牟森马上翻出崔健的歌曲，听完后百感交集。他发现，20年前的《彼岸》在今天仍有现实感。

不久，高士明成为"西岸双年展"的策展人，《彼岸》重排计划迅速被纳入双年展日程。牟森开始考虑几种重排方式——聚集当年参加《彼岸》的青年人？聚集与《彼岸》有关的各位艺术家？还是聚集一群新人、重新排演？

但这些想法很快被牟森自己推翻了。当他第一次走进西岸双年展的场地时，便倒吸了一口凉气，"当时我有一个感想，在这个空间里，我们做什么都比不上这个空间本身，这个空间实在太强大了，《彼岸》的力量太小。"牟森仍然不喜欢用"先锋"这个词定义他的《上海奥德赛》。他从建筑学里借用了"巨构"这个概念，把自己的作品称为"跨媒介巨构"作品。"我喜欢巨大的东西，"他说，"我几乎是第一时间就想起了奥德赛。奥德赛在整个西方，在整个人类文明的叙事描述里面，一提奥德赛就是一个巨大的进程。上海就是有个巨大进程的感受，包括里面这种转动的感觉，搅动的感觉，又是时间的，又是空间的，又是历史的，又是精神的。"

此次，牟森的合作伙伴是2008年中国奥运会开幕式的灯光设计主任肖丽河以及香港影像艺术家Jeffery Shaw等，最终展现的是由6个既独立又关联的跨媒介作品构成的演出，它们同时也喻示着上海城市进程的意象。"巨大的搅拌机械和圆形钢轨，让我想到搅拌和转动两个动作，这分别代表空间和时间的动作，也象征着上海发展史就是各种文明一起搅拌的动作进程，也暗喻上海的城市化就从市工业文明开始。"牟森说，2013年是上海开埠170周年，在这个时间节点，《上海奥德赛》与西岸双年展主场地空间的结合将是一种高度完美的契合。

"徐家汇是上海文化的发源地之一，而徐光启和利玛窦合作翻译《几何原本》，在上海堪称是中华文明与西方文明最早的汇通之一。第一部分光启，既是对徐光启的致敬，也是上海海派文化的起源。肖丽河将通过穹顶的天光和地面的地光设计，显示上海城市最初的开端发展，地光一片红色如同钢铁熔炉一般。"牟森介绍，今年是爱迪生发明灯泡134年，上海是中国首个安装电灯的城市，搅拌机器上，还因此安装了134只爱迪生灯泡。

第二幕则是由国际新媒体影像艺术的领军人物Jeffery Shaw创作。他的影像机械装置同时展现了象征现代文明的几何图形和中国文明的山水精神。交响部分则将展示声音艺术作品，尽量容纳上海开埠170周年以来的各种城市回音。

牟森放弃重拍的《彼岸》此次也以意想不到的方式再现了。荷兰人声艺术家Japp Blonk出现在搅拌机的高空平台上，作为一个不懂中文的"独奏者"，他以高音和低语交替，从声音、语素以及含义的角度即兴演绎了《彼岸》。风之彼岸的巴别塔和上海预均化库的穹顶彼此暗合，给人以无比的希望。

舞蹈剧场作品《春之祭》部分是向斯特拉文斯基的《春之祭》100周年的致敬作品，亦是整部戏的高潮所在。"斯特拉文斯基谈论《春之祭》创作灵感时曾说，突然降临的俄罗斯春天，似乎是在一个小时内开始的，整个地球则随之绽开。我以为，用此来比喻上海，也恰如其分。上海，在170年前开埠，整个中国随之绽放。"牟森在那个巨大的搅拌机基座上，搭建了一个工业"伊甸园"，他把19年前在《零档案》舞台上使用过的钢筋树林、苹果、电焊等元素又再现了一次。牟森和他的导演团队邀请了22位上海的业余国标舞者包括原水泥厂工人共同排演《春之祭》。

而最后部分洪流，展示的多媒体装置作品几乎容纳上海所有的影像，展现历史的、近代的、现代的、当代的，不断进展的上海。最后，舞台将如同万吨巨轮，在汽笛声中慢慢向太平洋方向转去。牟森说："中国是太平洋的西岸，徐汇又是上海的西岸，从明代的徐光启东西方文明交汇，一直到今天再次面向太平洋，意味着上海西岸面向全球的开放胸怀，及海上文化的进一步起航。"

进程：档案式回顾

"在选址时，曾经有过很多场地可供选择，但当我们踏进这个预均化库时，就被这个空间深深地震撼了。"策展人李翔宁说："建筑师有建筑师的个性，艺术家有艺术家的想法，将建筑与艺术并置并不是个简单的课题。我们此次放弃了普通的装置与绘画，而是选择了与这个空间相契合的声音、影像和戏剧这三种特殊的当代艺术形式，希望它们能与建筑空间有所交融与冲突。"

巨大穹顶的厂房空间内进行的则是戏剧部分和三个主题性特展。其中，"图绘中国：2000年以来的建筑回顾"和"解像力：一种行动影像"两大特展围绕在预均化库中心地带，呈两道环带伸展，完成了各自的圆形叙事；"转速：中国声音艺术大展"则发生在油罐现场区。

图绘中国：2000 年以来的建筑回顾

"我觉得这是一次比较全面的中国当代建筑的展示，策展人有一定的梳理，却没有价值观的导向，他展现的是一种现象，就像历史研究一样，但如果策展就是这样思路的话，也无可厚非。"参展建筑师柳亦春说，"这次建筑展还有个特点，就是将理论话语的建构和建筑师的作品展放在一起，这是中国建筑展历史上的第一次，是非常有意义的，不过，与建筑作品展部分一样，理论话语的这部分展览也没有呈现具有引导性的价值观。"

在主展场中，沿着预均化库圆形展厅的四周，围起了一个个小盒子，一共容纳了 71 位建筑师的中国作品。这是室内展的一部分，名为"图绘中国： 2000 年以来的建筑回顾"。策展人选择了 2000 年以来比较有代表性的建筑师和建筑作品，除了中国本土的建筑师之外，还有 10 位在中国留下过标志性建筑的国外建筑师，如 CCTV 的设计师库哈斯、鸟巢的设计师赫尔佐格与德梅隆均入选。

在这个展览中，你几乎可以看见大部分掌握话语权的中国当代建筑师，他们每个人的小盒子里以差不多的方式展示了各自的代表作与生平简历。参展的建筑师包括崔恺、张永和、刘家琨、张雷和王澍等"老面孔"，也包括像陶磊、戴璞、何健翔和多相工作室等建筑界的新鲜血液。展览的另一个核心组成部分是四位建筑理论家李翔宁、史建、朱剑飞和唐克扬对中国当代建筑进行的理论梳理，策展人希望这些能够帮助观者对作品进行深层次的意义解读，其中，策展团队以对建筑专业媒体的报道进行检索和统计的方式，绘制出了一张中国当代建筑师的个人影响力图景，非常有趣。

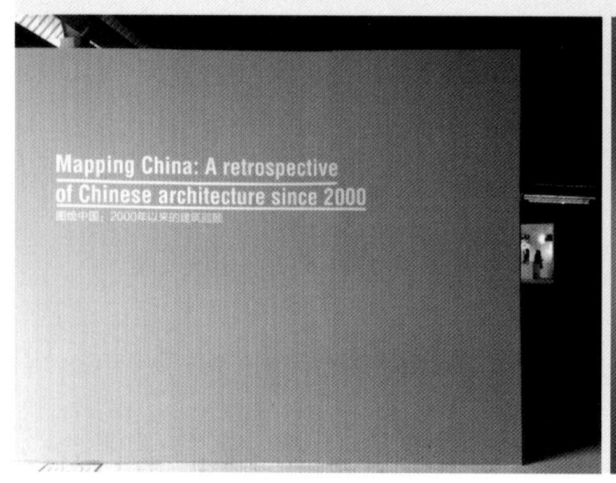

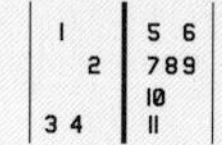

1-4 图绘中国：2000 年以来的建筑回顾
5-6 王俊杰《大卫天堂》
7 胡介鸣《海拔高度为零》
8 刘韡《彩色》
9 周伊《伟大》
10 姚大钧《罐听上海》
11 蒋竹韵《声音斗剂》

解像力：一种行动影像

"行动影像没有结局。"策展人郭晓彦、刘潇这样阐释道："影像中的人物和观众都被赋予了选择和定义未来的任务，尽管我们对这一任务能否被完成经常感到暧昧难解，但我们知道，正是这一系列影像构成了我们行动的背景。"

紧靠着建筑回顾展，则是影像展览区，这里是"解像力：一种行动影像"中国影像艺术展。这是一个强调影像对现实批判性介入的展览，在展场空间规划上，突破了既有的影像展示方式，将影像作品从黑盒子中被解放出来，置于剧场般大穹顶空间之下，展开交谈对话。观众可随着时间的推移、镜头的连接间展开感知及想像。

在这里，可以看到杨福东《青・麒麟》的粗犷山水现实、汪建伟八屏幕《黄灯》的中间地带现实、陈界仁在地流放生命现实的《幸福大厦》、刘韡对北京城乡结合部的观察重构后的作品《彩色》以及从现实裂缝露出的超现实——高世强《日全蚀》等等，这些都在剧场舞台上同时上演。艺术家刘韡表示，本次双年展展出的2013新作《彩色》，是一个长期萦绕在脑海想法的实现，展现北京近郊的铁道旁，这个既不属于城市亦不属于乡村的城市边缘中间地带，中国最普通、数量最大的一群人的街区生活，没有任何多余的道具、演员，只有生活本身，这些生活会以蒙太奇式的影像装置加以呈现。

胡介鸣的作品也值得玩味，《海拔高度为零》是由多件船的舱门构成，在舷窗的计算机屏幕上的图像是海水和各种漂流物，包括被人遗弃的日常用品、消费品、文化用品、玩具和宠物等，观看时的视平线保持在水面和水底之间，有上下波动的不稳定感。水中物的内容带有明显的不同地域文化残留色彩，这些因为各种原因与母体分离的物体随波逐流到处漂泊，时而撞击船窗玻璃，时而漂离。通过虚拟的视窗，可以感受到一种双向漂泊和流动。

转速：中国声音艺术大展

在预均化库之外，发生在油罐现场区的"转速：中国声音艺术大展"则被分为四个板块：声音装置展览、声音文献档案、声音现场演出和声音艺术论坛。"声音艺术放在传统美术馆里展览，反而是不合适的，只有在这种语境里，才能着力聚焦于声音艺术的可经验性。"声音艺术策展人姚大钧说道，"聆听又是对当下的超敏感认知。当下在空间中亦指本地。"

在参展艺术家中，中国美院在读研究生蒋竹韵的作品《声音斗剂》在聆听路径的可经验性方面令人感受深刻。他的现场是一个中药店里常见的药柜，上面有很多抽屉，每一屉里各是一味声音采样，分为飞机、火车、人声、水声、风声等9组，每组又分为9种，这样全部作品就有81个"方剂"。在柜前有小火炉，上置煎药砂罐，旁挂一耳麦。观众如戴上耳麦，再拉开一个抽屉，就会有一种声音顺麦线入耳，却像是自药罐而出。如果将几个抽屉同时拉开，便产生混音效果，但最多只能将5种"方剂"相配。整件作品的互动概念就依靠观众随机拉开抽屉和连续拉开抽屉时形成的声音衔接来完成。在艺术家这个路径交叉的声音花园里，"进程"和"叙事"都变得触手可及。

营造：西岸计划

与其他双年展相比，此次的西岸展都是特别的。因为，从某种意义上来说，这次的双年展更像是个“西岸计划”，其与徐汇滨江地块的开发有着千丝万缕的联系，位于户外的“营造展”则是个最大的映射，这部分的展览与西岸规划的现实完全相融，令这片在工业废墟中的展览更为开放。11个建筑小品中，已有5个建成，而剩下的那些将会在条件许可时陆续建造。每一个作品都出自不同的建筑师之手，有不同的功能和作用。

“我们这次双年展的最大特点是，它不是在一个场馆里建成，而是在一个工业废墟里进行展览，这是一个开放的概念，粗犷和细腻同在。”上海西岸开发(集团)有限公司总经理李忠辉说，“但是，下一届肯定会有另外一种姿态。徐汇滨江的每一个建筑体就是一件作品，现在可能是一张图纸、一个模型，或者是一个小单体去展现，今后可能立体城市本身就是我们的场馆。双年展是一个开放的活动，是在搭建一个平台，希望让更多的艺术家、建筑师，包括美术馆等共同参与。我们希望双年展是一个大平台，不是由我们来筹办，而是所有人共同参与，把它作为一个城市的活动。”

“徐汇滨江地块有很多文化项目正在建造，可能会引进一些创意产业，从这个层面上来讲，西岸双年展实际上的作用是名‘吹鼓手’。”作为此次双年展的总策展人，张永和表示，“而在艺术和建筑并置的过程中，有不同的观念在进行碰撞，碰撞的结果也不是谁胜了，而是互相的协议。”

1-2 垂直玻璃宅效果图
3-4 六望亭中的展品
5 瓷堂
6-7 “祥云”

垂直玻璃宅

此次展览的总策展人张永和亦有件户外作品——“垂直玻璃宅”。这个在江边的建筑没有采用全玻璃景观样板房的思路，而是以混凝土的姿态将自己封闭了起来。其内部由钢板隔成两个区域，一半是楼梯，人们可以沿着楼梯一路向上，到这栋3层建筑的楼顶；另一半则是如同天井一般的垂直玻璃房，空间狭小，如同家居，每个楼层，包括顶层的楼板全部由玻璃构成。人们可以站在一楼透过层层玻璃直接看到天空。

“人住在城里时，他和周围的关系永远不是那么舒服的，理想状态当然是又住在城里又住在公园边上，公园里又最好没人，这其实就是个悖论。在这里，窗子起了很重要的作用，开多了，空间就没有私密性。在传统的房子，玻璃都是水平的，而在我的这个小房子里，玻璃是垂直的。”张永和说，“‘竹林七贤’中的刘伶是个很有哲思的人，他喜欢不穿衣服，有一天，人家来找他时，问他：‘你怎么光着？’‘天地是我的房子，房子是我的衣服，你怎么从我裤腿里进来的？’我想，他的意思与我的想法是一样的。”

据了解，张永和之前类似的“垂直玻璃房”作品曾荣获1991年日本新建筑国际住宅设计竞赛佳作奖，此次将方案实施亦是一次回顾与致敬。

六望亭

沿着龙腾大道前行，离主展场不远处有座通体纯白的建筑，该建筑名为“六望亭”。顾名思义，就是座由6个同样的半椭圆形体块联结而成的单层建筑，其中3个向内，3个向外，由美国事务所 Johnston Marklee 事务所设计。

“营造展”是很容易被普通观众忽略的部分，11个不同的建筑小品的方案与模型在这里进行了展出。其中，2012普利兹克建筑奖得主王澍的作品“太湖房”的灵感来自于“太湖石”，其方案取江南园林山水形意，设计师意图以湖石形态的建筑远眺江景，其底层部分水平向延展，而二三两层则属冥想空间。

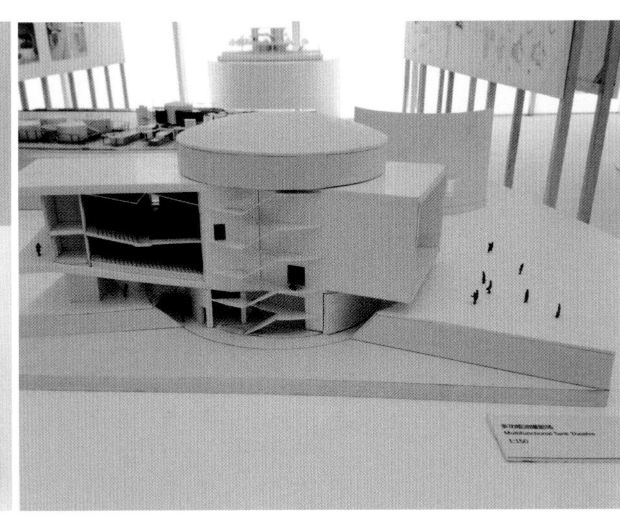

瓷堂

在临近主展场不远处，有一个以绿色瓷片为表皮的建筑，这座建筑在秋日的夕阳照射下熠熠闪光。黄昏时，尤为引发人们靠近他的欲望。这座约为1 350m² 的建筑是由来自同济大学的曾群与王方戟设计的，曾群是2010上海世博会主题馆的设计师。从一侧进入该建筑后，是一个长长的走廊，直接通向主体建筑的大门，但在走廊和主体建筑之间还有个天井空间，中间有一颗别有情调的树。“主体建筑约能容纳100人左右，展览结束后，这里将成为各类艺术沙龙的举办地。”

“与‘油罐’或‘水泥库’一样，我们在西岸户外营造区中11号点位上设置的建筑‘瓷堂’也以具有纯净平面几何形态特征的圆形为存在方式，试图在这片空旷的城市中确立起具自立感的建筑形态。”曾群介绍，其圆形的空间结构具有明显的内向感，为他们在空旷的领域中提供一个安定的场所。建筑螺旋面上均匀地覆盖着预制的菱形“瓷器”。据介绍，这些瓷砖都是预制而成的，每块价格高达800元，而且该瓷砖制作不易，几乎每三块中就要损失一块，为了获得全手工，设计师还专门去寻找小窑厂进行加工。

祥云

沿着徐汇滨江西岸临江的行人步道漫步，你会撞见一部老旧废弃的塔吊，塔吊旁有个包覆了一层耐候钢板的建筑。这座建筑名为“祥云”，出自丹麦SHL建筑事务所（schmidt hammer Lassen）的手笔。设计师认为，这座高大的塔吊是工业时代的象征，“祥云”的设计初衷就是放大这些特性，并利用颜色与质地强化展馆和工业文明之间的联系。设计师还通过从天花板悬挂上百根长短不一的白色工业用绳，来创造出像云一样不断变化的感觉，绳子的末端还安装了发光装置，晚上如透明的光带，如同流水般在滨江闪烁。展厅的内部也由白色尼龙绳分割成数个空间，镜面不锈钢轻薄屋顶以及穿孔镜面不锈钢地面也均为白色。

几间展厅里也展出了几位艺术家的装置作品，如来自新德里的Raqs媒体小组带来了18个色彩不一的荧光亚克力人形，成人大小的“跑动小人”，它们被悬吊在半空中，面朝不同方向，而所标识的紧急出口并没有指向空间中的某点，而是指向了逃离某个凝固瞬间的多条路径。在另一间展厅中，台湾艺术家曾伟豪则创造了一

种可以令身体接收穿越的视听感受，作品中的黑色区块是艺术家从一些对话和自然环境录音截取下来的频率图，当这些图样翻转成垂直时，非常像树的样子。当你感受到被声音穿透的感觉时，就仿佛进入一个由话语声音所构成的森林风景中。

汪建伟《黄灯》

业界观点

柳亦春（大舍建筑设计事务所创始人、龙美术馆设计者）

把双年展定位于建筑和艺术上，很明显，是想让建筑成为普通民众能够理解的一种文化存在。原来徐汇滨江所有的塔吊什么的，完全就是工业景观，没有真正的活动在里面。但实际人们很渴望能参与到这些景观里去。当然现在只是通过一些健身、跳舞、打篮球这样的运动，但在将来，新加入的这些美术馆，如果它们能把艺术、文化活动都开展起来，那西岸将展现一个多层次的城市面貌。

当然，也要看具体运营。比如说，我现在在做的龙美术馆，是由收藏家刘益谦私人投资建设的，每年要花很多钱来运营，而且要收门票。那个由飞机库改造、藤本壮介设计的余德耀美术馆，它的藏品则偏当代、偏装置。此外，由建筑师戴维·齐普菲尔德设计的西岸美术馆是由西岸集团来运作的，总体思路是想把徐汇滨江以文化先行的策略来打造后面的传媒港，但是需要注意不能把它搞成一个卖很多钱但民众进不来的场所。

曹俊杰（《21世纪经济报道》记者）

在快速城市化建设的背后，西岸双年展仅经历8个月的筹备，就迅速推陈出台，它本是借鉴于威尼斯双年展的成熟模式，打造一个文化型的重要事件，最终把西岸这个平台推向世界，从而实现一个文化社区的长远规划建设。然而，未经充足的准备，仓促上马的结果，就成了一盘文化事件大杂烩，好比是A仍是A，B仍是B，C仍是C，A+B+C依旧没有化学反应，成不了D。

很遗憾，在西岸双年展当中，仍然最让人铭记的，依旧是那个巨大的穹顶厂房——这个建于1920年作为上海水泥厂的仓库建筑，看上去，比其中所容纳的建筑和艺术作品，更前卫、更具有现代感、更具有创新精神。

喧哗之后，人走楼空，老厂房依旧要迎来属于它的宁静。它期待能在未来的城市更新中具有更重要的角色和地位，但是仅仅贴上“西岸双年展”这样一个文化标签，则远远不够。因为，西岸双年展这套东西依旧可以复制，并成为另一个文化地产项目声势浩大的开场白。

饶小军（深圳大学建筑与城市规划学院副院长、《世界建筑导报》总编辑）

在国外，建筑师和艺术家的分野并不大，建筑和艺术跟老百姓的关系也是很近的。比如说，在英国的大街小巷，随处可见小酒馆、艺术博物馆、剧院，这些文化场所存在于社区当中，是人们生活的一部分。下午4点之后，英国人就会一堆一堆扎在小街小巷里聊天，或者在剧院门口挤着去看戏。对他们来说，艺术是随时的、是生活，而在国内，艺术却往往成为一件非常奢侈的事，只有少数人在享受。

办这样的双年展需要提升民众的参与度。有时候，我们的建筑师、艺术家过于孤芳自赏，其实，两者都应该注重对社会和生活的体验。在这方面，艺术家往往会走在前面，敏锐地感受到一些事件的影响，但这种体验传递给老百姓的过程还较慢。在信息社会，这是不应该的。

另外，文化建筑应该和文化活动相关联。虽然全国各地雨后春笋般地建起了很多剧场，但实际上很多剧场和戏剧没有关系，真正的戏剧处在社会的边缘角落。END

一次建筑设计课程中三个设计方案的发展比较

A COMPARISON OF THE DESIGN DEVELOPMENTS OF THREE STUDENTS

撰 文 | 王方戟、肖潇、王宇

本文介绍的是同济大学建筑与城市规划学院三年级一次建筑设计课的部分成果及从中得到的一些教学思考。该次课程的任务是“社区菜场及住宅综合体”。课程基地面积4 710m²，位于学校附近的密集城市环境中，周围主要为居住区。任务要求建筑面积6 000m²，其中菜场2 000m²、住宅4 000m²。任课教师为王方戟、张斌、水雁飞。该课题选择菜场为主要设计任务，除了考虑到学生可以自由地对菜场进行参观外，也是希望学生将设计建立在观察的基础上，以发现及解决问题，而不是仅仅以个人的创意为基础来进行设计。设计任务中住宅功能的设置则是希望学生把自己的居住经验与实际生活中的居住问题结合起来进行思考。这样在开始设计前，学生就需要对城市空间、城市生活、居住等内容进行大量的调研。为此，在总长15周（包括1周假期）的课程中，前3周被设置为城市调研及研究训练。虽然，这些课程对后期的设计起到了很重要的作用，但受篇幅所限，在本文中不加展开。

因人而异对教学进度进行微调

每个设计课程都有一个统一的教学进度，但是在教学过程中，学生方案的发展进程都会有所不同。在某些类型的实际教学过程中，教师必须根据学生的情况对教学进行微调。本次课程就是以这样的方式进行的。在课程中教师实施的教学辅导因人而异，不同类型的方案在各个阶段所需要重点讨论的问题都不尽相同。

从对比的表中可以看到，原教学计划安排在第三次课开始进行结构梳理，但3位同学的实际情况却并非如此：徐晨鹏同学的方案从初期便明确将住宅与菜场分开独立讨论，因此住宅的结构对下方菜场将会有较大影响。教师从第二次课（10月11日）就开始与他反复讨论结构的问题；相比之下，朱静宜同学的图纸则是到了第五次课（10月22日）才开始在图纸上出现结构柱；而尤玮同学甚至是到第八次课（11月1日）才在底层平面图里加上结构。这样的差异既是因为朱静宜与尤玮确定方案形态的时间比较晚，也是因为在她们的方案中上层住宅与下方的菜场是相对整合的，住宅的结构并不会与菜场产生大的冲突。

另外，如第十三、十四、十五次课原计划利用Sketchup模型进行街道视角的建筑形态研究。朱静宜同学与徐晨鹏同学也是按照这样的进度推进的。尤玮同学的方案的独特之处在于，其方案较为复杂的体量关系已经在街道上形成了相对恰当的形态，并不需要作过多调整。教师根据其方案的特点，引导她将精力更多地放在平面调整与景观的设计上——利用这两周的时间展开的景观设计的讨论，最终成为尤玮同学方案的一个与众不同之处。

统一的教学计划可以保证各项训练任务得以恰当推进，但因人而异的灵活调整对于学生方案的发展也十分重要。这样的调整可以让每位同学在有限的课程时间内更好地解决各自方案特有的问题并发展其方案的独特之处。

形态概念与非形态概念的区别

对比 3 位同学的方案发展历程，我们能发现有趣的差别。从第一次课（10 月 8 日）到第六次课（10 月 25 日），朱静宜同学的方案形态始终都有较大变化——仅仅从形态上看她似乎换了几个方案；尤玮同学的方案虽然在前 5 次讨论中也有不断的调整，但围绕“在小学前方设置广场”的基本概念是一直贯穿始终的。徐晨鹏同学与尤玮同学有一定的相似性，他在第一次课上提出的斜穿基地的道路也一直延续到了最终成果中。

朱静宜同学“用道路切分菜场实现分散布置”的概念虽然很明确，但并没有明确指向某种形态，而尤玮与徐晨鹏同学的概念则或多或少与形态相关。由于这样的区别，教师采用不同的方式推进设计讨论。

对于朱静宜同学来说，方案形态的变化都是围绕着同一个概念展开的。其中，前 3 次课的调整最为明显：在第一次课里，朱静宜提出用道路切分菜场的方法实现其分散布置，老师提出在四通八达的街巷中还是应该有顺畅的主干流线；在第二次课里，朱静宜重新调整了切分的方式，并借由住宅的调整营造了一条尺度宜人的内部街道。老师认为，这个调整是使用菜场来围合街道，虽然获得了完美的街道，但菜场空间因此过于平均，缺乏差异；在第三次课里，朱静宜重新组织了分散于场地内的菜场组团和它们之间的空隙，并将一条隐匿的交通主干纳入其中。这样大幅度的调整与尤玮和徐晨鹏同期的方案调整相比几乎已经算是提出了 3 个完全不同的方案，但这每一个提案都是基于既有提案的对初始概念的重新思考。

相对来说，尤玮同学的概念是“在小学一侧创造广场”。虽然这个广场本身在概念推进的过程中并没有大的变化，但与之相关的一系列问题都在讨论中被卷入了进来。在这期间，以下问题被提出并思考：广场的理由、广场的尺度、广场与菜场的关系、广场是否对外开放、广场旁的上层住宅与裙楼的关系、广场与中学的关系、广场与平台的关系、塔楼与周边体量的关系、住宅逻辑与广场的逻辑、住宅与屋顶平台的关系、广场与住宅的资源、住宅的间距、住宅与菜场的空间需求、菜场与住宅的入户方式、住宅的入口与广场、菜场的流线、广场景观设计、街道到广场的路径与入户楼梯的关系。在这 18 项讨论中，有 12 项与广场直接相关。经历了 5 次课的讨论，虽然广场的形态并没有本质的改变，但住宅、菜场、平台、广场的相互关系都得到了较为充分的梳理与落实。

类似的，徐晨鹏同学创造的穿越场地的路径虽然在最初提案与最终成果里几乎没有变化，方案却在讨论中获得了推进。这些讨论主要是针对形态本身的潜力展开。围绕着这条路径，菜场的平面布局、开口方向、结构、住宅的排布方式、住宅与菜场的关联等等问题都被逐渐提出并与其他因素一起综合讨论。如果说最初提案中的路径是来自对基本城市关系认识的形态概念，那么最终成果里的路径则是梳理清楚多方面关系后的形态。

前期与中后期的方案调整

一般情况下，设计的决定性的调整工作集中在前 3 周，但在中后期也并不是没有机会进行较大调整。朱静宜同学的方案从第六次课开始就基本稳定，她的所有大的调整都集中在概念深化前 6 节课中；徐晨鹏同学的方案就是从第二次课开始就相对稳定，在中期评图时方案已经具备一定的深度，但是他还是吸收中期评图时评委提出来的意见，对方案进行了较大的调整，最终将意见吸收进原来已经较为深入的设计中，并显著提升了设计的品质。从最终的成果上看，不同阶段的调整带来了设计不同的特质。

朱静宜同学通过前 3 周的调整获得了相对稳定的布局，但由于该课题的周期较长（11 周），她对这个概念进行长时间的深化，终期评图时获得了评委们如下的评价：“整体看起来像被划分成了更小的地块，并且是在各个时间分别进行的设计结果”（柳亦春）、“设计成果给人一种场地被不可逾越的边界划分成了小块，再分别设计的感觉”（张斌）、“相比其他方案，通常有一个单一而强烈的秩序来说，这个方案似乎没有一个控制性的秩序”（祝晓峰）。“将场地划分成小块”固然是朱静宜的概念，但“不可逾越的边界”、“在各个时间分别进行设计”则似乎是长时间的深化带来的意外收获。回溯教学的过程，设计深化的后期，她也的确已与教师就各个局部的问题进行推敲讨论了。

徐晨鹏在菜场中引入斜向穿越的道路，这个概念比较顺利地在前8次课中获得了一定的深度，但在第九次课的中期评图中，评委祝晓峰老师认为二层住宅满铺的大平台影响了菜场的质量，并且在住宅与菜场之间也没有建立足够的联系，他建议在平台上开设天窗。与其他同学相比，徐晨鹏同学在中期评图中遇到的调整意见是最大的。这在接下来的课上让他的模型与图纸似乎回到了设计初期的深度。但是前8次课积累的思考帮助他仅再用一节课的时间就基本上完成了设计的磨合。虽然设计中后期的调整意见牵扯了他一些时间，但这个调整还是对最终的成果起到了关键性的作用。在方案已经较为深入的情况下需要作较大调整的情况在设计课上虽然并不常见，但在建筑师的职业实践中却是常态，徐晨鹏也因此提前获得了这方面的宝贵经历。可见，虽然教学实践中需要按照教学计划推进学生的设计深度，但因人而异、因方案而异地控制进度，适时的设计调整也是十分必要的——甚至在方案推进的中后期提出恰当的调整意见也是可行并可以对整体设计品质有提升的。

教学方法总结

通过上面的比较也可以看出这次课程在教学方法上的两个思路。

其一是概念的悬置。文中分析的三个实例在概念形成上都有其不同的出发点。教师在指导中并没有对概念本身进行太多的讨论。而主要在概念的逻辑性及落实性上进行了非常多的讨论。在建筑的实践领域中，我们也可以看到不同的优秀建筑师都有很多及很不同的设计出发点，但他们都完成了很好的设计。所以，参考到这种现象，在教学中教师与学生谈论的主要不是概念的对与错，而是概念的多义性。靠某个单一概念贯穿整个设计过程得到的建筑的设计的品质是值得怀疑的。在这次教学中，教师不与学生纠缠概念的是非。概念符合逻辑，设计就可以推进。概念暂时被悬置起来。因为在随后的推进过程中，每个设计都会面对诸如尺度、建造、结构、空间等方面的次一级概念。这些次级概念与被悬置着的主概念之间的关系如何设想？要回答这些问题，设计在概念这个层面就会变得非常多义。概念与概念的纠缠、排序也就导致了设计的深度。

这次课程在教学方法上的另外一个思路是对建筑基本原则的控制。

虽然在教学过程中，概念的形成过程是开放的，学生可以有很大的自由进行构思，在整个教学过程中，教师也给了学生尽量的自由发挥空间，但是一些建筑的基本原则则需要被严格地控制。无论在课程设计中还是在实际世界中，都不乏建筑师为了自身趣味，将不适合建筑的设计强加给项目的现象。建筑师既不能为了自己的表达轻视建筑固有特性，又不能因为来自具体项目的要求而损失对建筑品质的要求。设计实践都必须在这种两难的境界中找到出路。在课程中，教师最重要的作用就是辅导学生在这种两难之间找到突破口。因而在建筑固有问题上，教师要有非常清晰的原则，任何因过于自我而损害了建筑基本要求的做法都要及时提醒并要求改正。教师控制的主要原则包括建筑在城市中的恰当关系、建筑的基本功能、设计中各个元素的逻辑关联等。比如在课程早期尤玮及朱静宜同学在方案形态上多个体量关系的调整，就是对概念与形态之间逻辑关系、形态与城市之间关系、及形态所包含的诸如住宅日照采光等功能问题的不断把握。而徐晨鹏在设计后期单因形式要求而提出来的大面积住宅北阳台也通过2次课要求进行改变。

开放与控制相结合的教学方法可以保证不同进度、不同出发点的学生都能跟上课程节奏，并且每个方案都经历了为满足课程设置的多项基本原则性要求而进行的努力，因而都能具有应有的深度。这个教学方法让某些尚不成熟的概念悬浮在设计具体操作之上，也就给学生留下了自由发挥的空间，避免了教学过于被教师的个人偏好左右。教学中什么时候该用什么工具来推敲，该做什么方面的设计是由老师给出建议的。学生会体验到与他们自觉形成的方法有些不同的设计过程。于是，在教学中学生的概念及很多方面的设计深化都是自由的，但他们也会感觉到手脚总是隐约地被某些原则栓着。在自由与原则的牵扯相互作用中，概念逐渐落地了，那些技术性的事情也同时得到了解决。通过这个教学，他们体验到的是建筑设计中一种“方法”而不仅仅是“方案”所具有的力量。作为一种设计方法，它应该也会有自己的局限性。不同老师之间不同的教学，也许可以在这一点上产生一些相互的覆盖。学生经历了若干个教学后，应该可以去创造属于自己的设计方法吧。END

	教学计划	课程总结	尤玮		
			完成情况	一层平面图	住宅平面图
1	10月8日 场地调研、 概念提出、 体量模型	初始概念可以从不同层次的问题开始，有时与形态相关，有时与形态无关。尤玮的形态关系基本确立；朱静宜更是一种组织关系，因而形态未定；徐晨鹏是形态性的，因而与最后成果很接近。	概念、场地、体量模型 1 	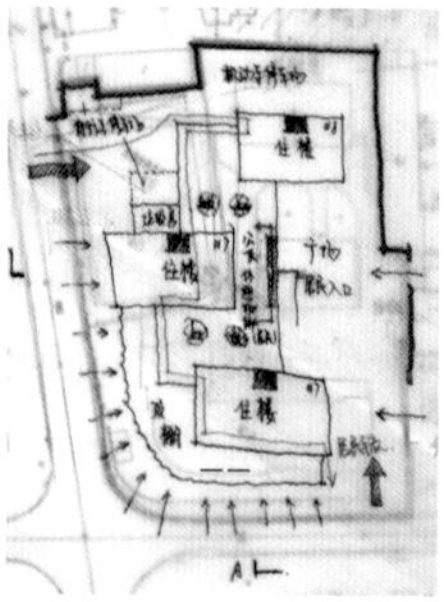	--
2	10月11日 概念梳理	第二次课是一个概念逻辑梳理的过程，学生围绕自己的初始逻辑进行深化。大多数情况下，学生会有一些走偏。这种反复的过程使概念得到更深入的讨论。	体量发展模型 2、初步布局 	--	--
3	10月15日 空间组织结构梳理	第三次课是第二次课的延续，但在深度上可以有一些推进。也就是在概念摸索的过程中讨论功能。	体量模型 3、 底层及住宅平面草排 1 		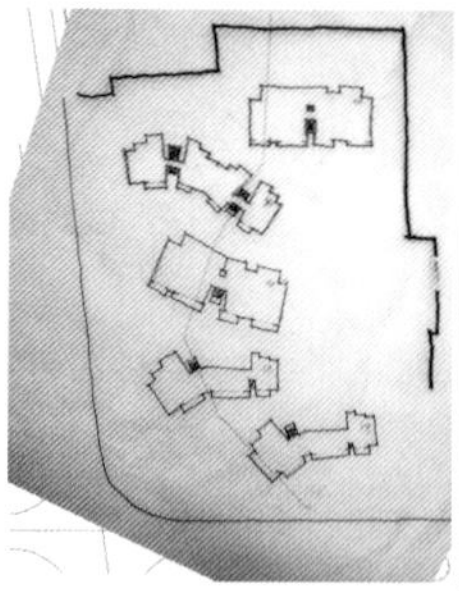
4	10月18日 动线、户型、不同部分之间的相互组织关系讨论	这次可以看到非常明显的讨论主题的差异，一个是动线（尤玮），一个是体量关系（朱静宜），一个是空间结构秩序（徐晨鹏）。	体量模型 4、住宅平面 1、 底层平面草排 2 	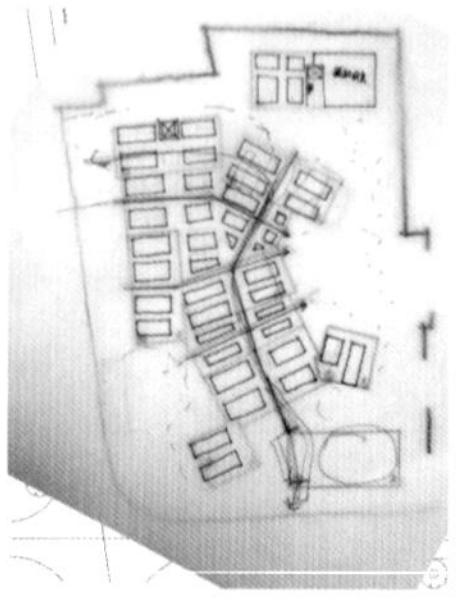	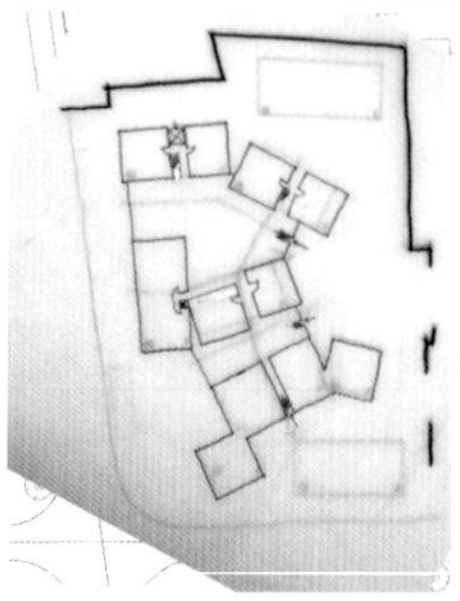
5	10月22日 中期汇报 -1 评图、底层空间组合梳理	这一次课是在方案总体关系明确以前，对设计中与功能相关内容进行大规模调整的最后一次课程。此次课程之后的方案调整都相对不大。	体量模型 5、1/200 模型 1-1、 底层平面 1、住宅平面 2 	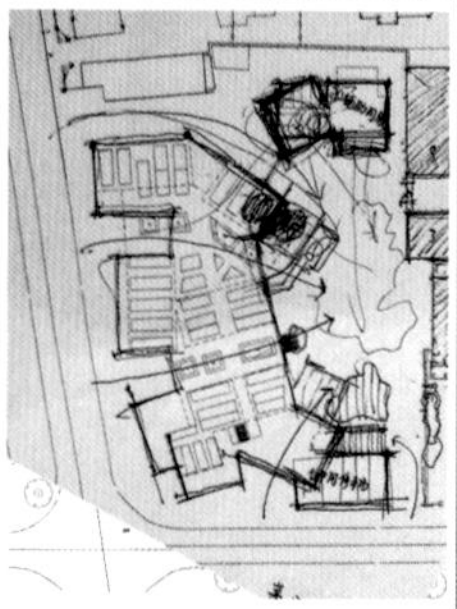	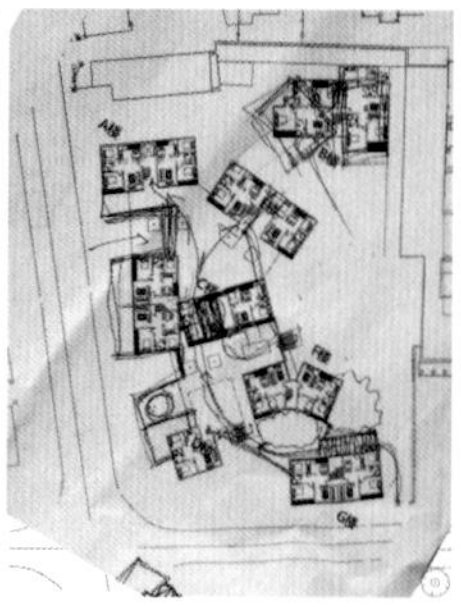
6	10月25日 底层动线及空间关系梳理	经过 2 周半的教学，同学们的方案格局已经基本成型，此后没有非常大的变化。此次课及之前的课程是教学中最关键的部分，这之后的设计教学开始偏向更多技术性的讨论。	1/200 模型 1-2、 底层平面 2、住宅平面 3 	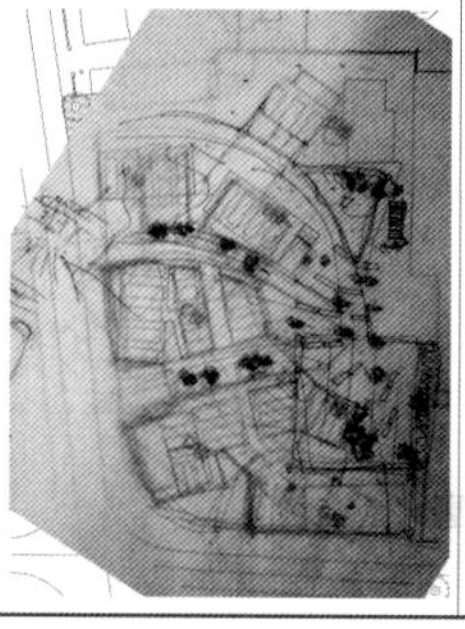	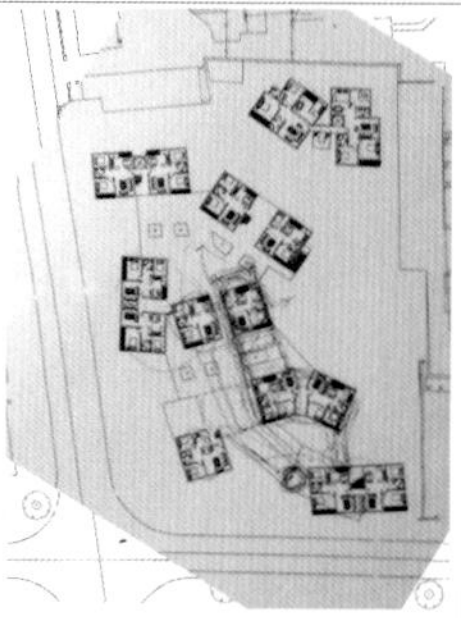

朱静宜		
完成情况	一层平面图	住宅平面图
概念、体量模型 1、底层平面 1、住宅平面 1 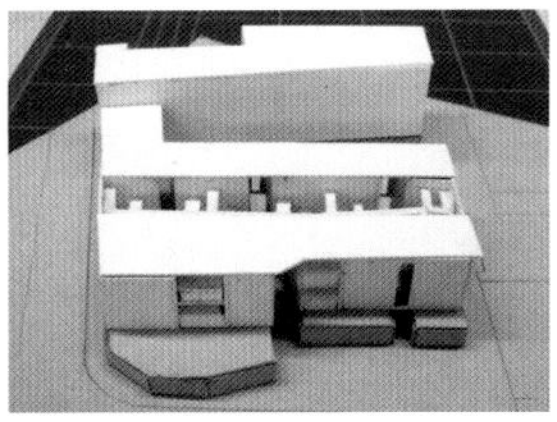	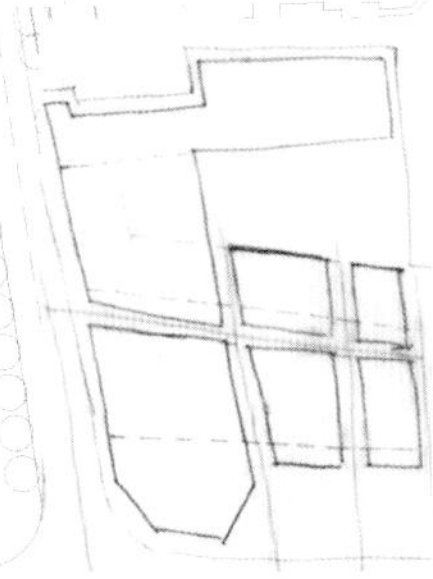	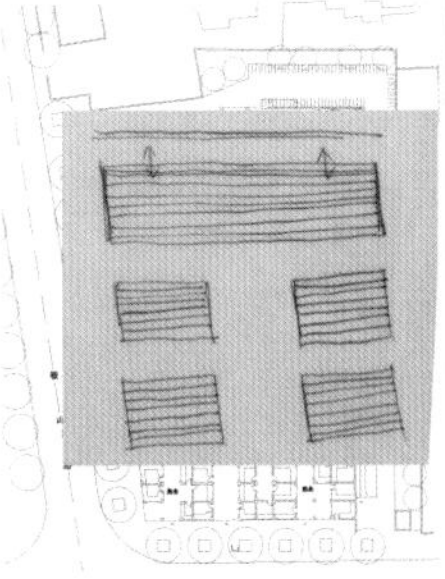
体量模型 2、底层平面 2、住宅平面 2 		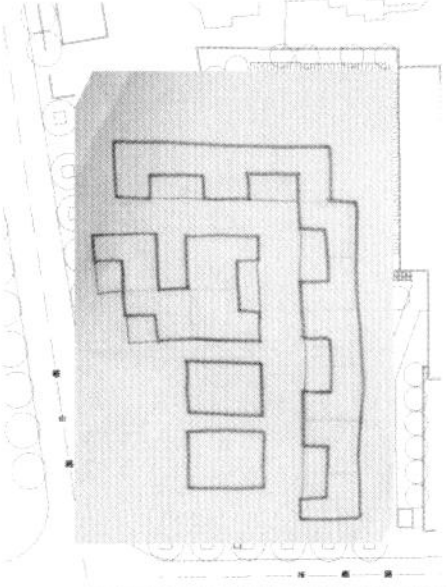
体量模型 3、底层平面 3-1 		--
体量模型 4-1、底层平面 3-2、住宅平面 3-1 	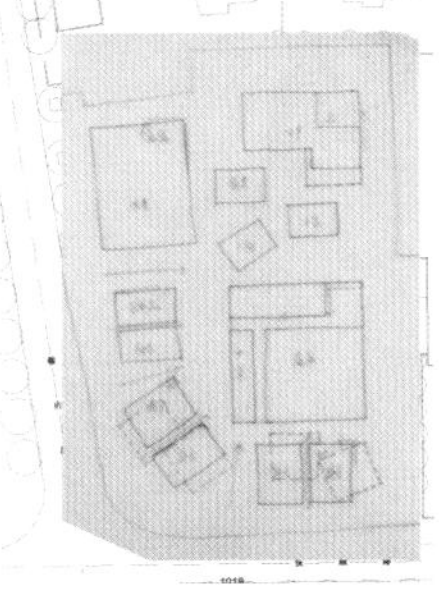	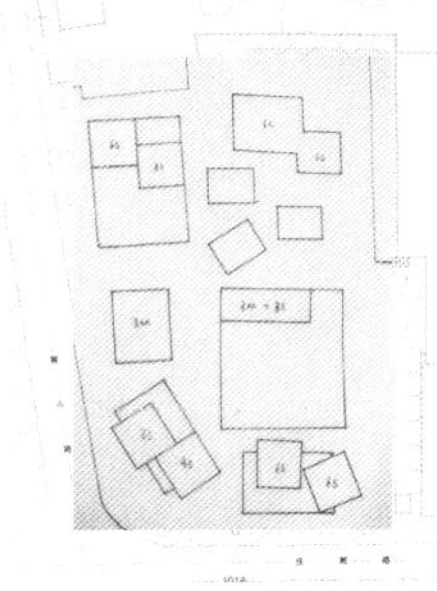
体量模型 4-2、底层平面 3-3、住宅平面 3-2 		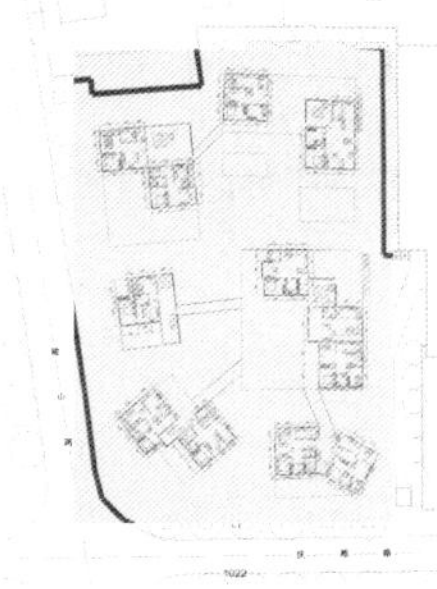
体量模型 5-1、底层平面 3-4、住宅平面 4-1 	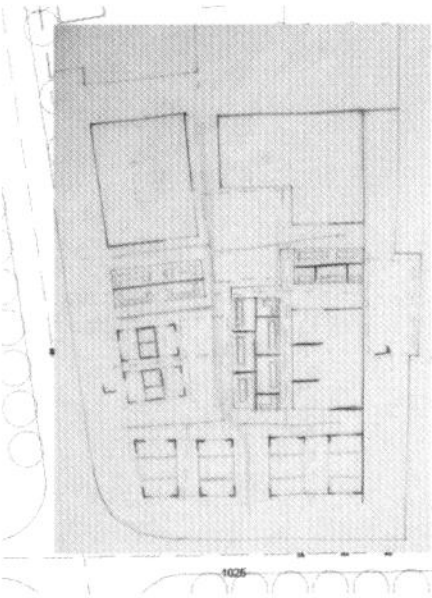	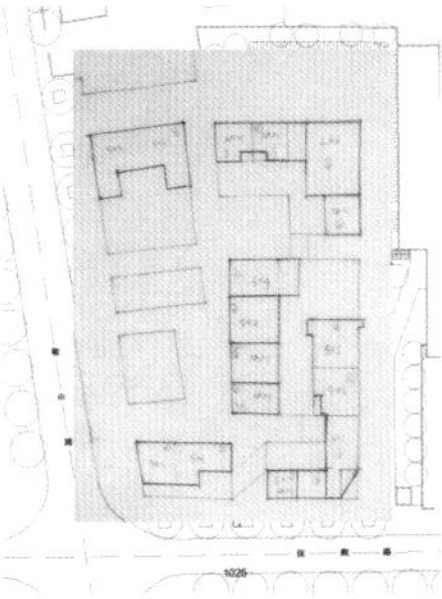

徐程鹏		
完成情况	一层平面图	住宅平面图
概念、场地、体量模型 1 	--	--
体量模型 2、底层平面 1-1、剖面 1-1、立面 1 	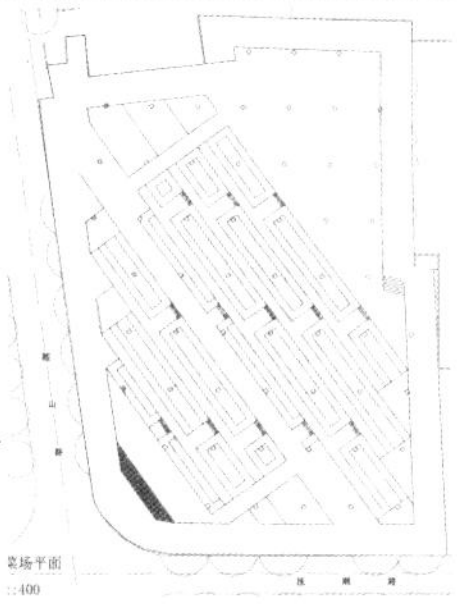	--
体量模型 3、底层平面 1-2、住宅平面 1、剖面 1-2 	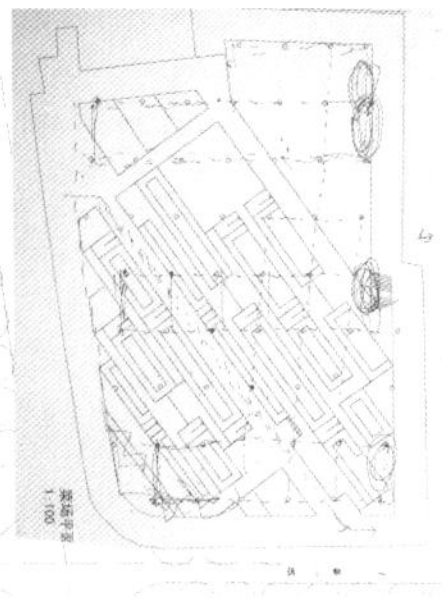	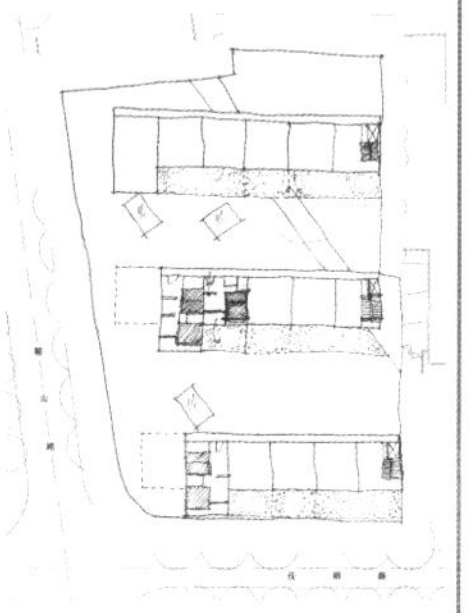
体量模型 4、底层平面 2-1、住宅平面 2 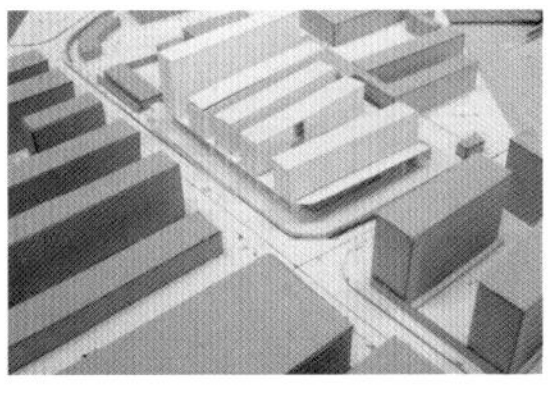	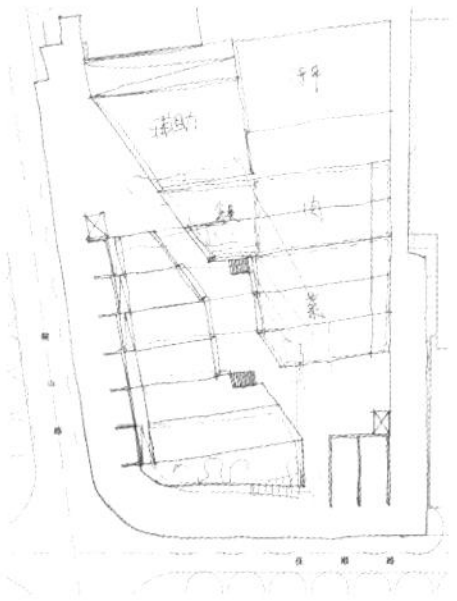	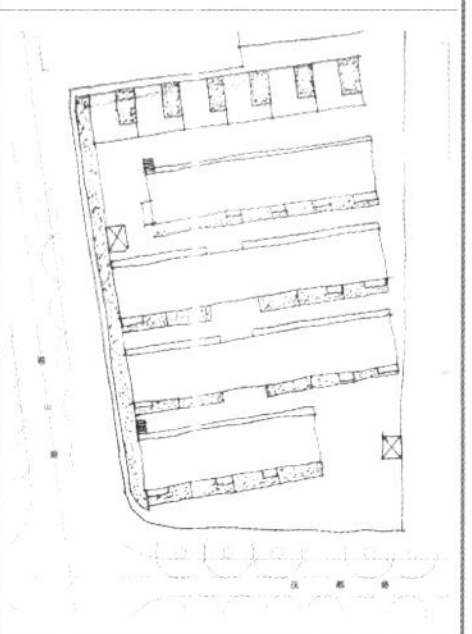
1/200 模型 1-1、底层平面 2-2、户型平面 1 		--
1/200 模型 1-2、底层平面 2-3、住宅平面 3-1 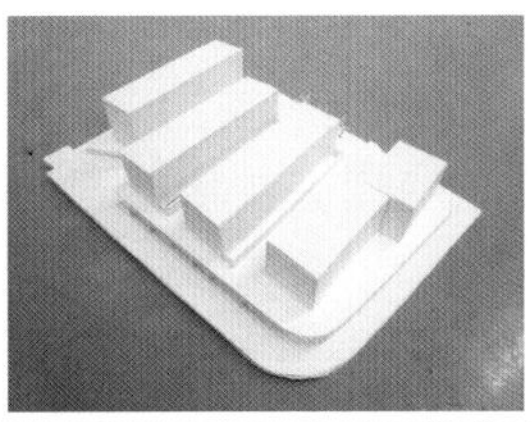	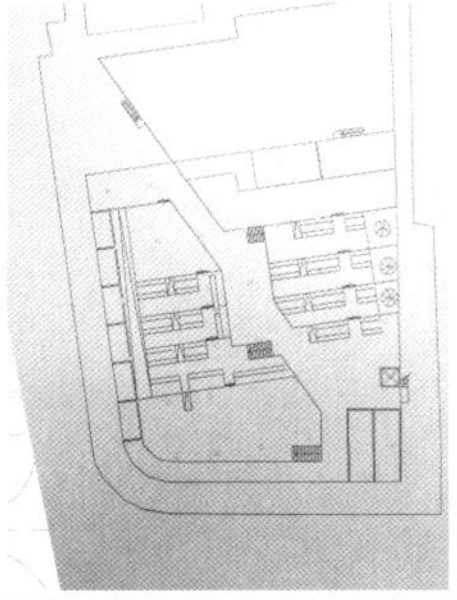	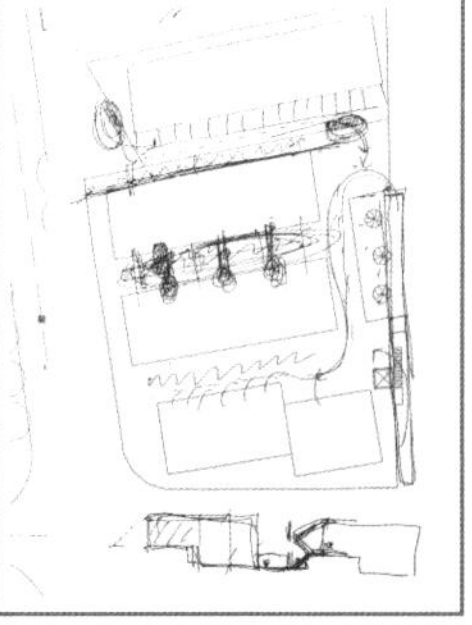

	教学计划	课程总结	尤玮 完成情况	尤玮 一层平面图	尤玮 住宅平面图
7	10月29日 立面与平面关系讨论，基本确认住宅平面排列，其后不对户型作专门讨论	方案明确以后，不同的方案在深化上有不同的困难。尤玮的困难之处在于住宅之间的关系以及住宅与环境之间的关系的处理。朱静宜的方案在平面上没有太大的困难，但在空间尺度的把握上有一定挑战。徐晨鹏的方案在住宅平面与形态关系方面需要花更多的力气。	1/200 模型 1-3、住宅平面 4 	--	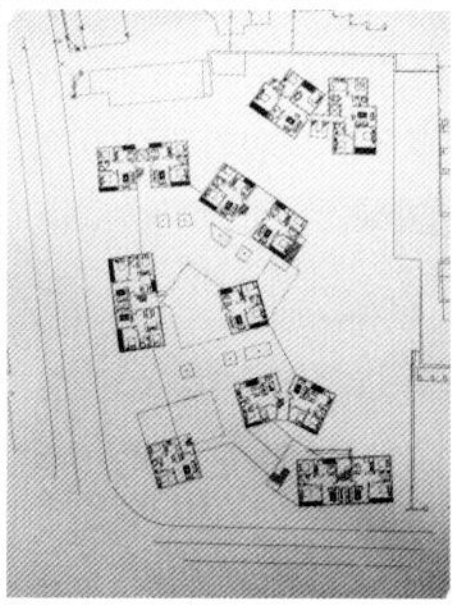
8	11月1日 结构讨论	中期汇报之前对设计的各个要素进行综合。	1/200 模型 1-4、底层平面 3-1、住宅平面 5-1 	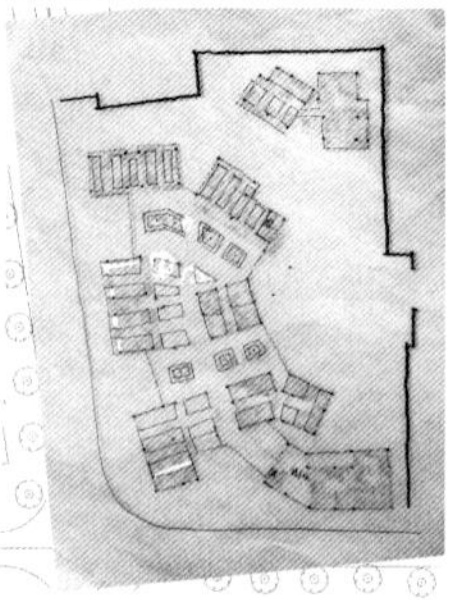	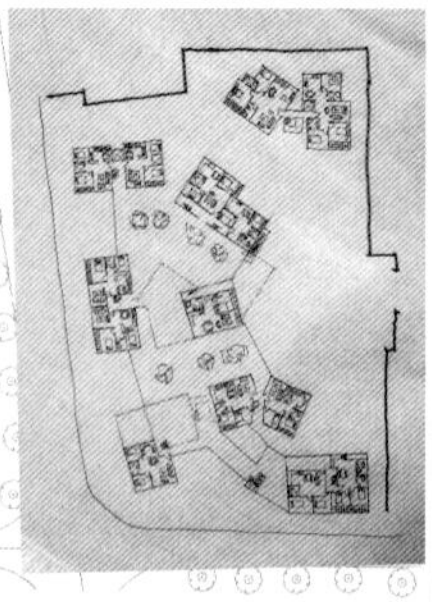
9	11月8日 中期汇报 -2	中期汇报是学生和老师听取不同意见的重要机会，它可以弥补个别老师指导带来的一些偏见。徐晨鹏听取中期的意见后进行的调整就大大提升了其方案的品质。	1/200 模型 2-1、底层平面 3-2、住宅平面 5-2、房型图 		
10	11月12日 细微形式交接、底层空间精排	结合中期汇报时的意见对方案进行调整并着手开始下一阶段的深化工作。	SK 模型、底层平面 3-3 --	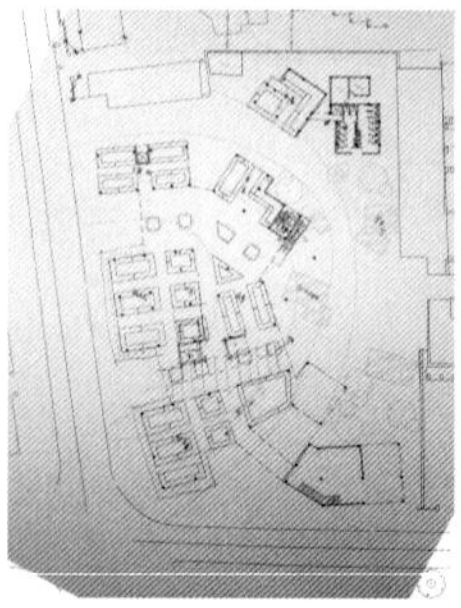	--
11	11月15日 底层及二层空间微调	本课除了设计的推进外，最主要的是开始利用 1/50 墙身剖面对建筑的材料、构造、细节等设计进行讨论。这样的讨论被安排在中期汇报后的第二次课上基本是恰当的。设计大局定下以后应该尽早进行这方面的讨论，可以使这方面的设计与整体的关联性得到强化。	1/200 模型 2-2、底层平面 3-4 	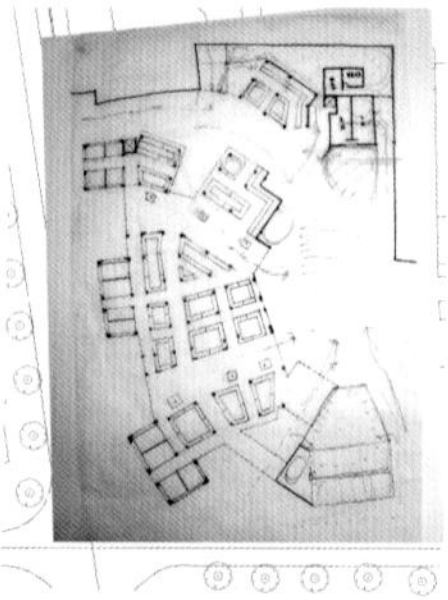	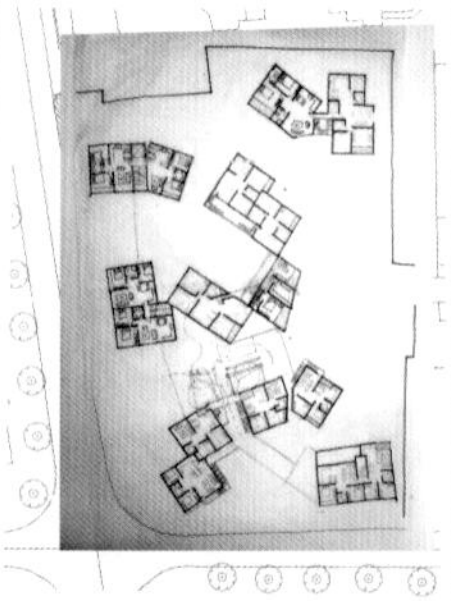
12	11月19日 底层平面及景观微调	除了继续进行 1/50 的墙身剖面讨论之外，各同学的方案的不同特征让讨论又有了新的差异。尤玮讨论了景观设计，朱静宜讨论了沿街的形态，徐晨鹏讨论了细节与形态的关联。	底层平面 3-5、住宅平面 5-3 --	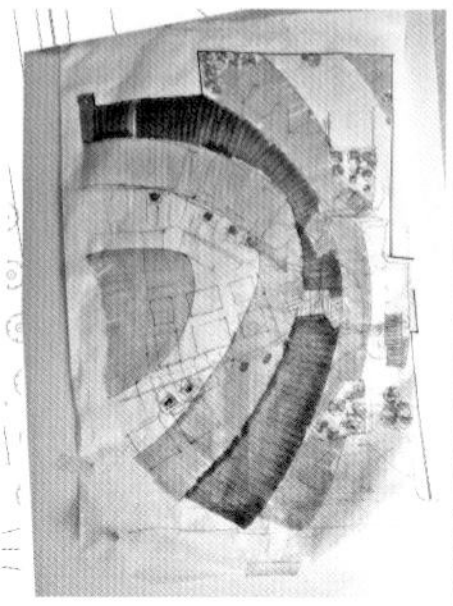	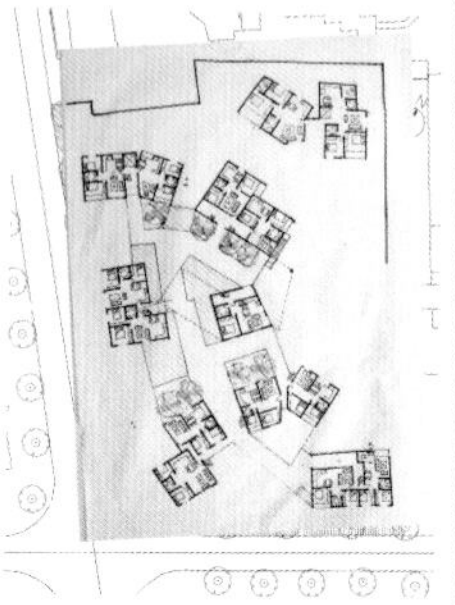

朱静宜		
完成情况	一层平面图	住宅平面图
体量模型 5-2、底层平面 3-5、住宅平面 4-2 	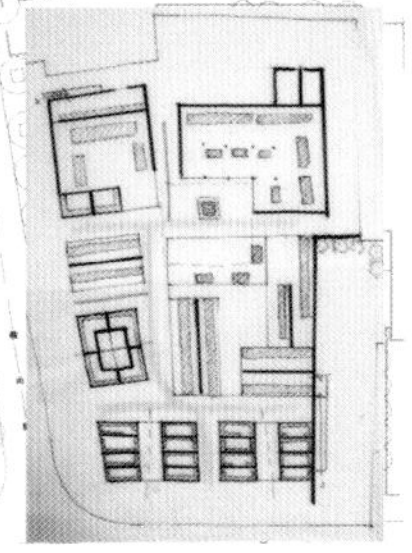	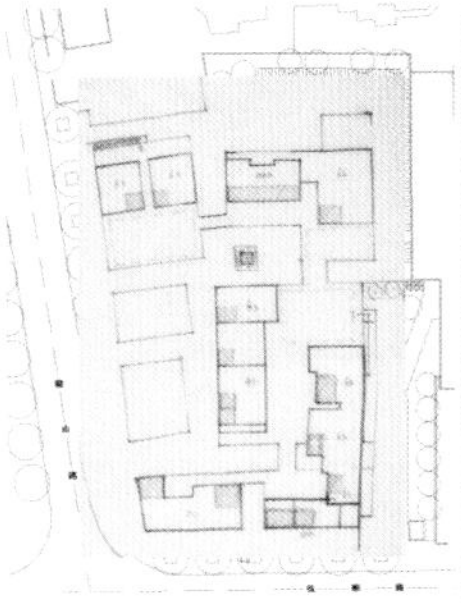
体量模型 5-2、底层平面 3-6、住宅平面 4-2 	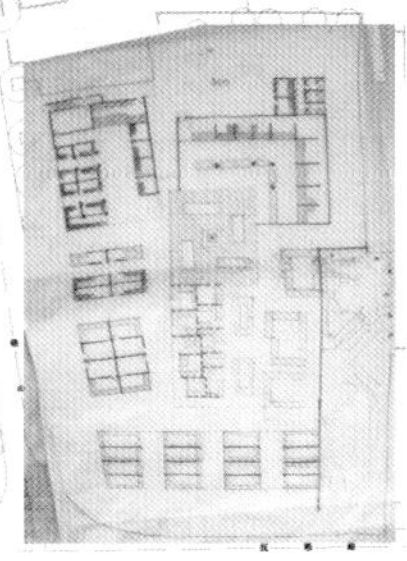	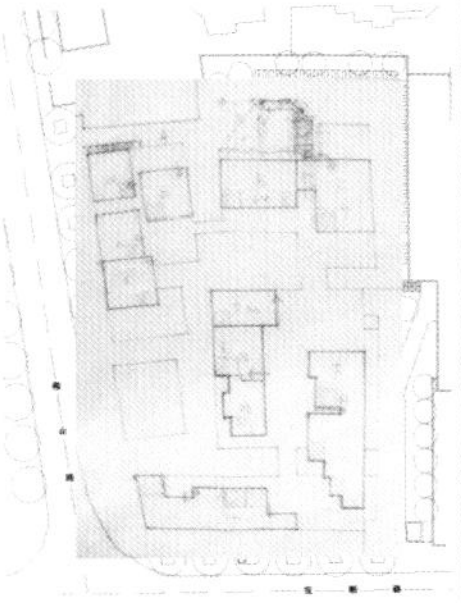
1/200 模型 6-1、底层平面 3-7、住宅平面 4-3 	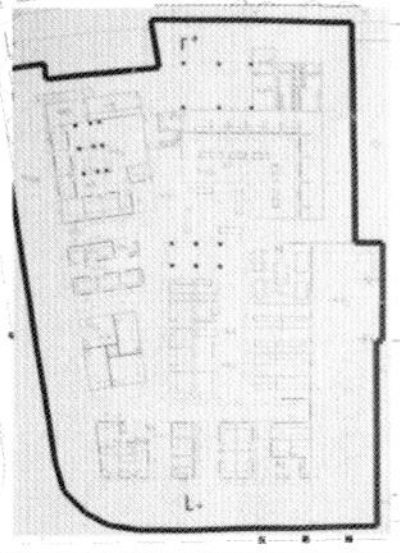	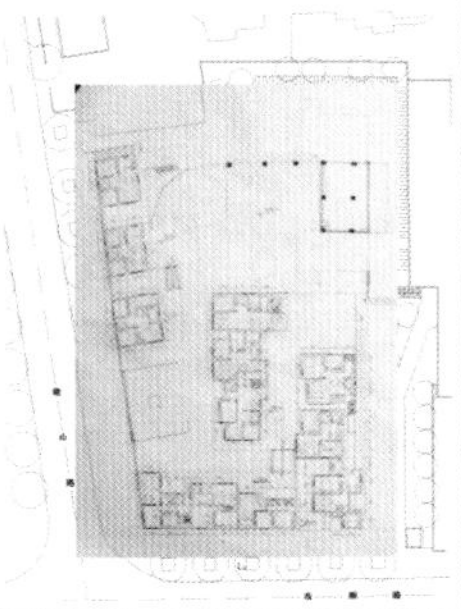
1/200 模型 6-2、住宅平面 4-4 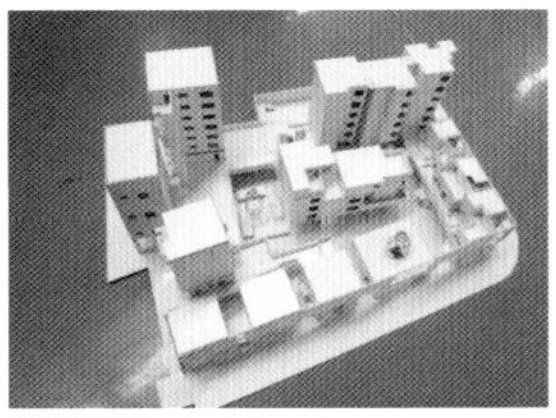	--	
1/200 模型 6-3 	--	--
1/200 模型 6-4、底层平面 3-8、住宅平面 4-5 	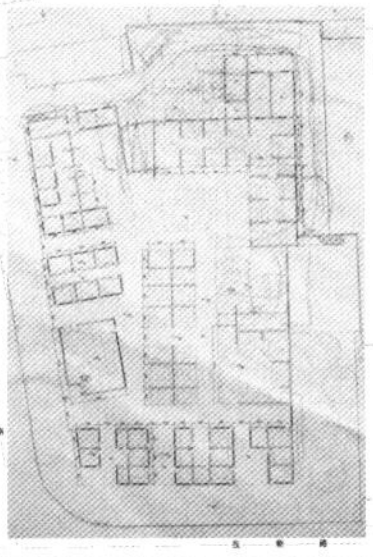	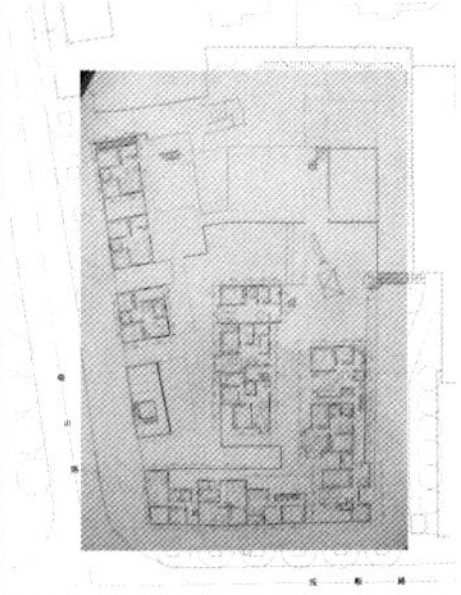

徐程鹏		
完成情况	一层平面图	住宅平面图
1/200 模型 1-3、住宅平面 3-2、户型模型 1 	--	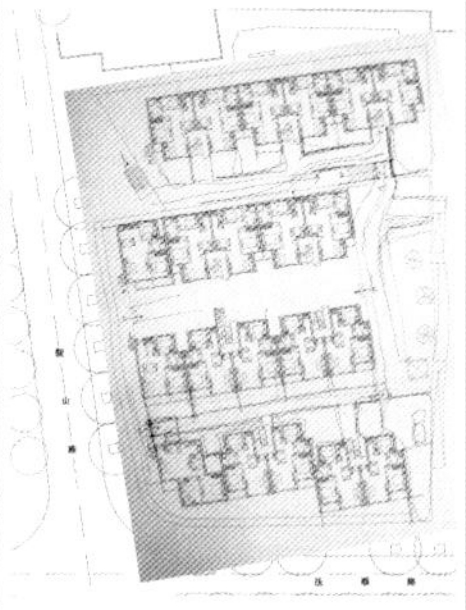
1/100 模型局部 1-1 	--	--
1/100 模型 1-2 	--	--
1/200 模型 1-4、住宅平面 4-1、剖面图 2-1 	--	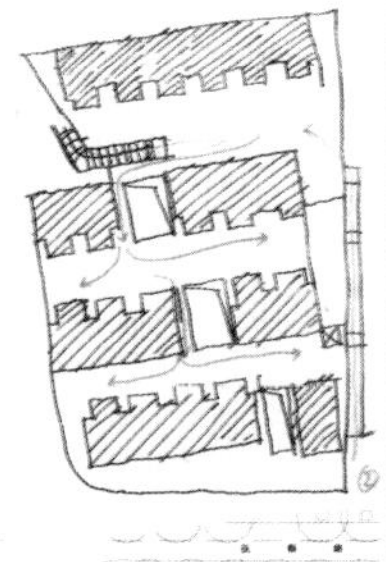
1/100 模型 1-3、底层平面 3-1、住宅平面 4-2、1/50 墙身大剖 1-1 	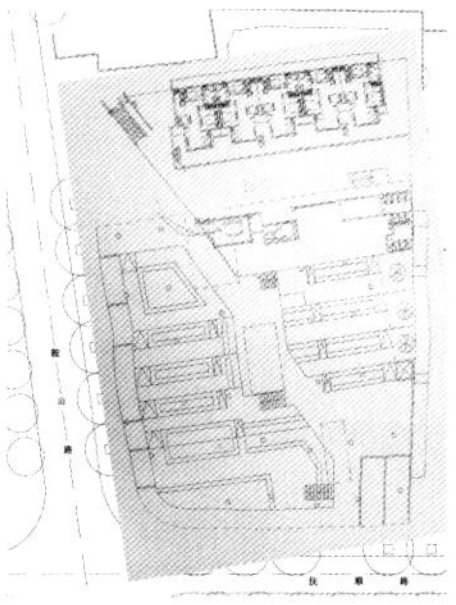	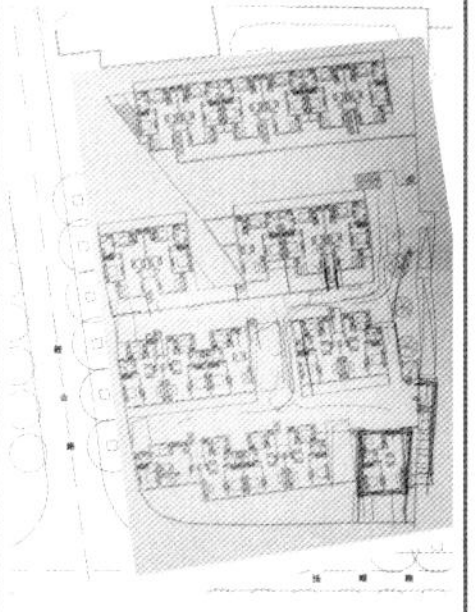
户型模型 2，住宅平面 4-3、1/50 墙身大剖 1-2 	--	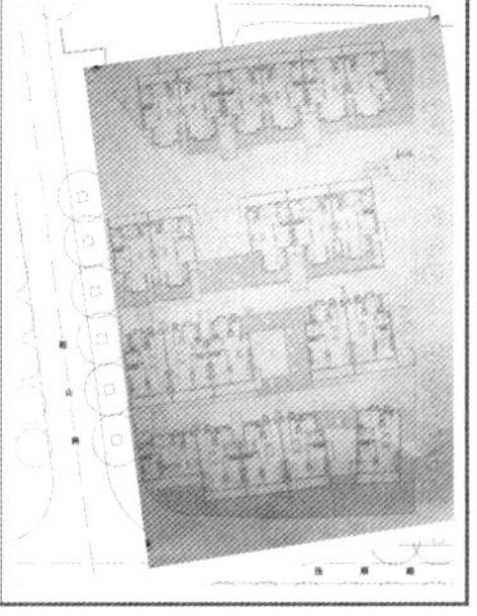

	教学计划	课程总结	尤玮		
			完成情况	一层平面图	住宅平面图
13	11月22日	计算机模型虽然无法取代实体模型，但它却可以覆盖实体模型的一些盲点。在细节设计及真实形态感知方面计算机模型有一定的优势。此次课程将计算机模型及时引入以便讨论诸如立面、材料相关的设计问题。	请假	--	
14	11月26日 总体立面与平面关系讨论	在课程设计中，很多与教学要点相关的要求需要在教学过程中反复提及，才能最终被学生理解和接受。计算机模型可以在这个阶段被用来反复讨论。	Sketchup 模型 1-1、 住宅平面 5-4 		
15	11月29日 空间处理微调、透视表达讨论	这是比较容易懈劲的阶段，需要对不同的学生的不同方案提出明确的、有针对性的要求。	Sketchup 模型 1-2 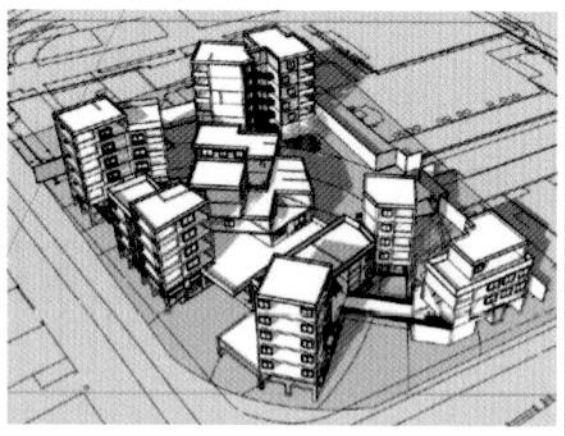		
16	12月3日 构造讨论及结构微调，要求1/100模型开始	这个阶段除了其他图纸及模型外，对透视图也做了要求。但由于要求不是非常严格，导致后期表现缺乏说服力，这是在以后的课程中可以加以改进的地方。	底层平面 3-6、 1/50 墙身大剖 --		--
17	12月6日 设计整合完成，进入后期，集体做1/100场地模型	从1/500到1/200再到1/100，模型比例的改变也是思考对象细化的表现。但无论哪个比例，都应该把模型放在整体环境中予以理解。	无图像记录		
18	12月10日 1/100模型制作	1/100的模型要花费非常多的精力，在教学中也要占用很多的时间。教学中要非常谨慎地予以利用，并最大程度地将其与设计思考结合。	无图像记录 --		

朱静宜		
完成情况	一层平面图	住宅平面图
Sketchup 模型 1-1 		
Sketchup 模型 1-2、底层平面 3-9、住宅平面 4-6 	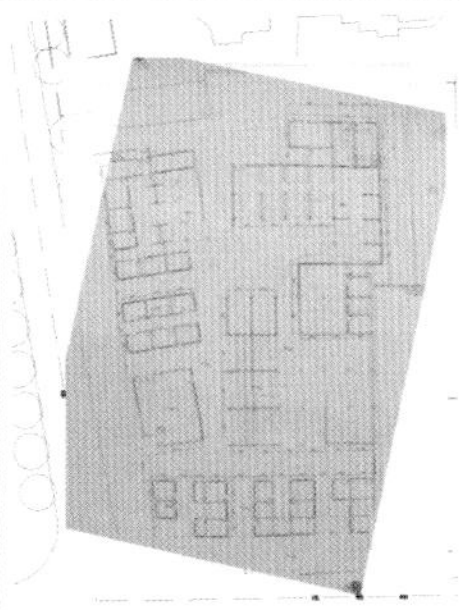	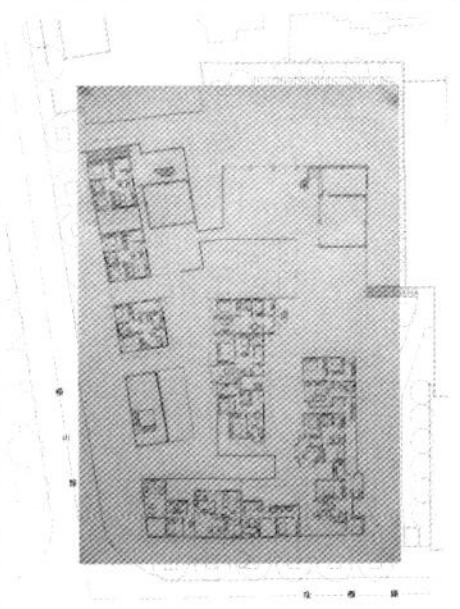
Sketchup 模型 1-3、底层平面 3-10 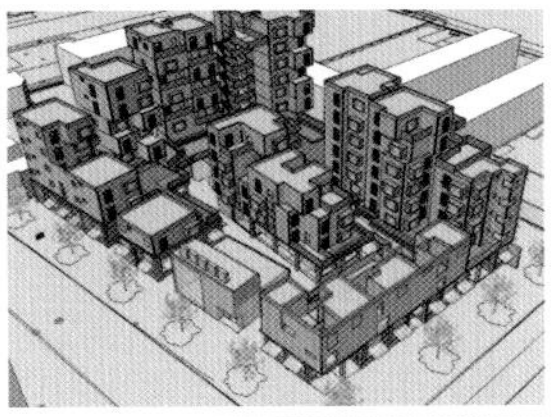	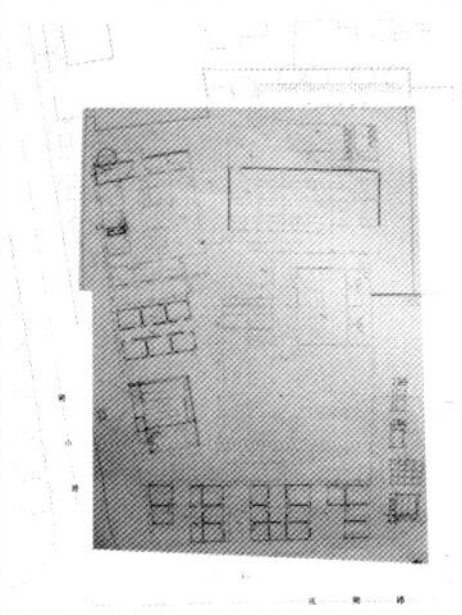	
底层平面 3-11、住宅平面 4-7		
剖面，墙身		
1/100 模型制作 		

徐程鹏		
完成情况	一层平面图	住宅平面图
SK 模型 1、底层平面 3-2、住宅平面 4-4 	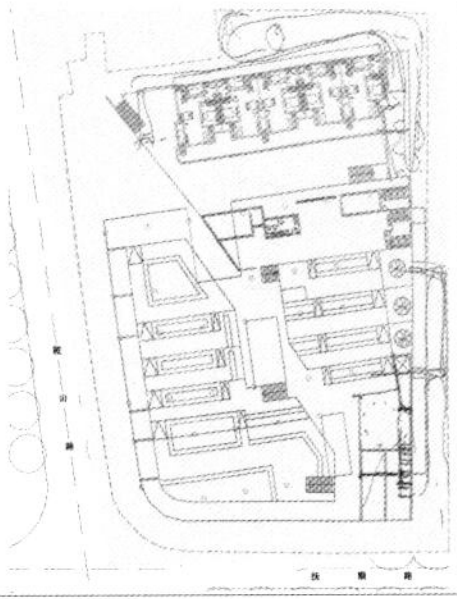	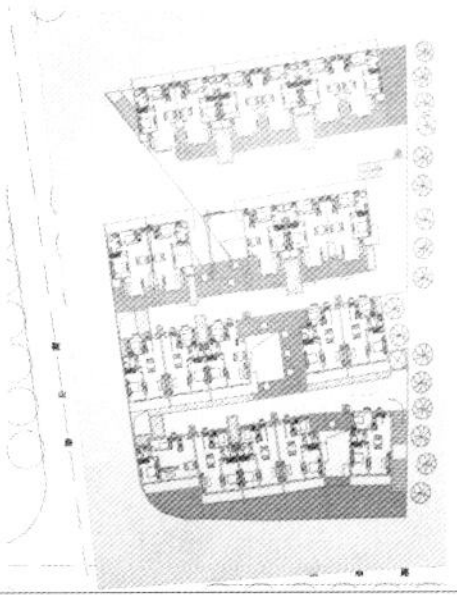
底层平面 3-3、住宅平面 5-1、剖面 2-2	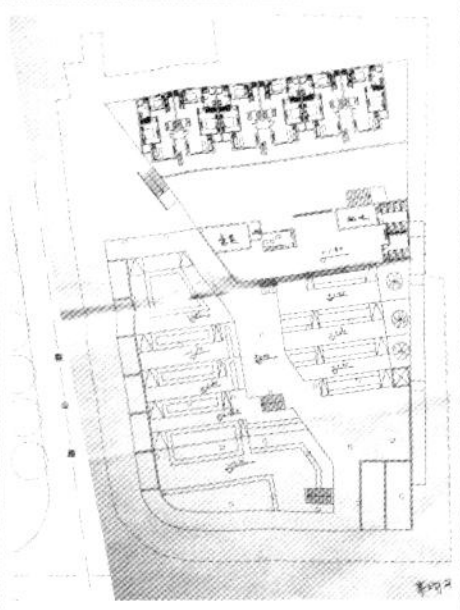	
无图像记录	--	--
无图像记录	--	
底层平面 3-4、住宅平面 6-1	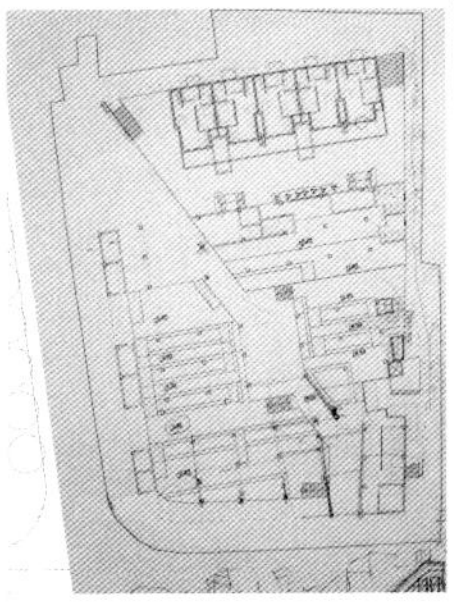	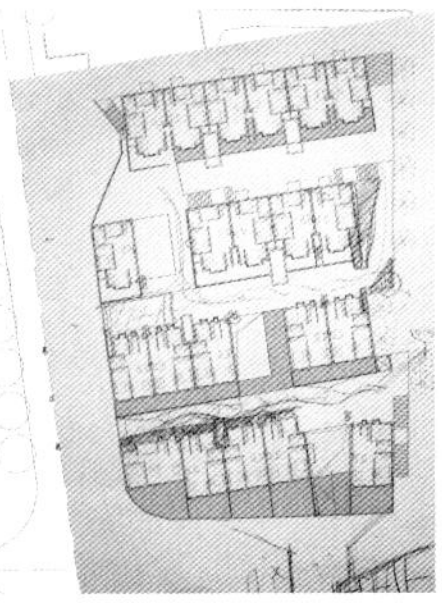
无图像记录	--	

教学计划	课程总结	尤玮：完成情况	尤玮：一层平面图	尤玮：住宅平面图
19　12月13日 1/100模型制作、模型反馈设计：底层平面景观及动线关系梳理、平面微调、图面表达、景观设计、细部设计讨论	不同的方案在最后会有不同的细节收拾要求。尤玮的方案在底层的动线及景观上被强调；朱静宜的方案探讨了模型与设计表达的关系；徐晨鹏的方案则在平面布局以及细节设计上进行了进一步的讨论。	1/100模型过程、底层平面3-7、住宅平面5-5、立面、剖面、SK小透视 	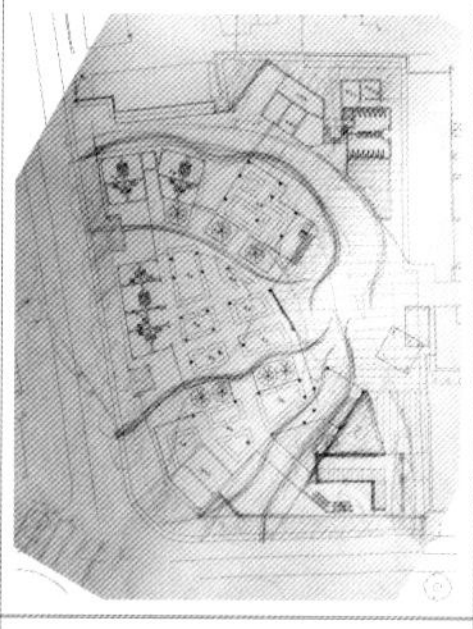	
20　12月17日 景观、图纸表达、模型拍照及排版讨论	在最后交图前，各种媒介都接近完成，主要焦点集中在设计表达上。	1/100模型完成、底层平面3-8、住宅平面5-6 	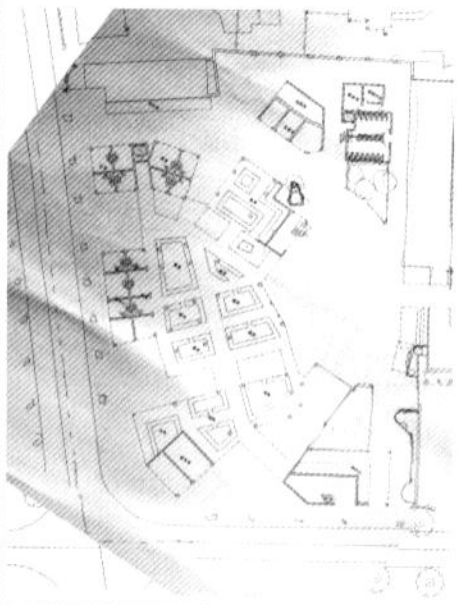	--
12月20日 终期评图	最后的评图不仅仅是将学生作业在不同观念的老师视野中暴露，也是老师之间在观念上进行探讨的机会。 在后续评图中，奥山信一及安田幸一教授对朱静宜的方案中中部体量过于拥挤提出了质疑，并提出将其放到基地的边缘会对设计有很大的提升。 这使辅导老师认识到，在教学的初期学生方案中的一些关键问题是需要抱着坚决的态度，非常强硬地要求改正的。虽然要给予足够的发挥空间，但教师要把握住原则性的问题，不能在关键问题上以“鼓励学生自由”为托辞而放松约束。	通过置入一个600m²左右的公共广场重新建立基地上的菜场、住宅与周围学校等建筑的关系，这个内部的空间和关系都更松散灵活，而朝向城市街道的一面，仍使用秩序化的方式强调街道的感觉。 		
		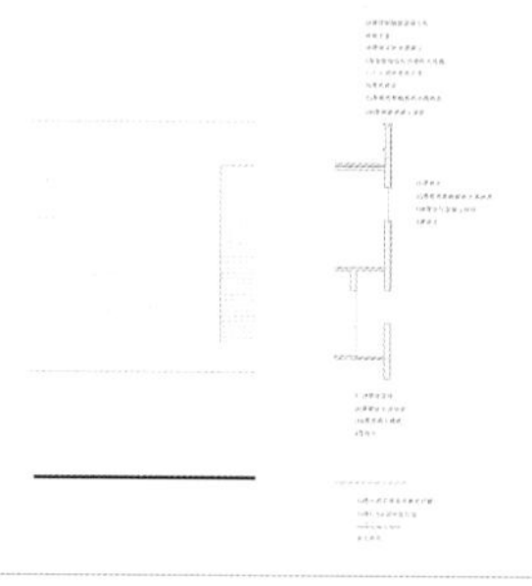	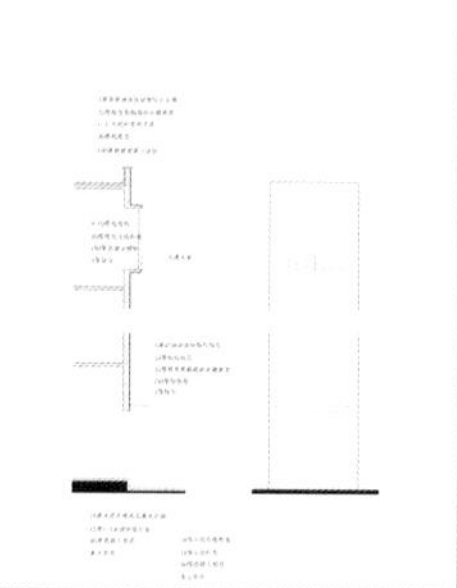	
		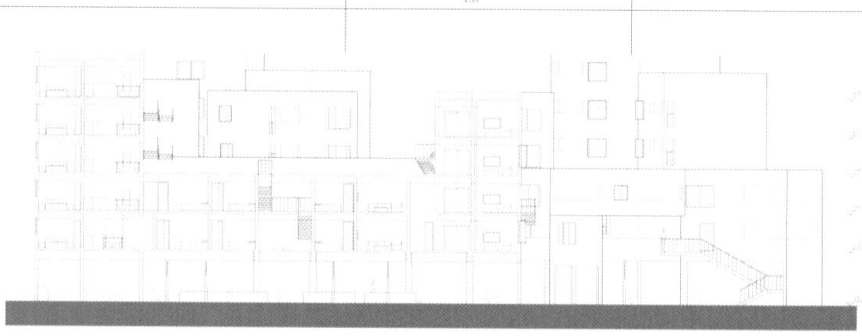		

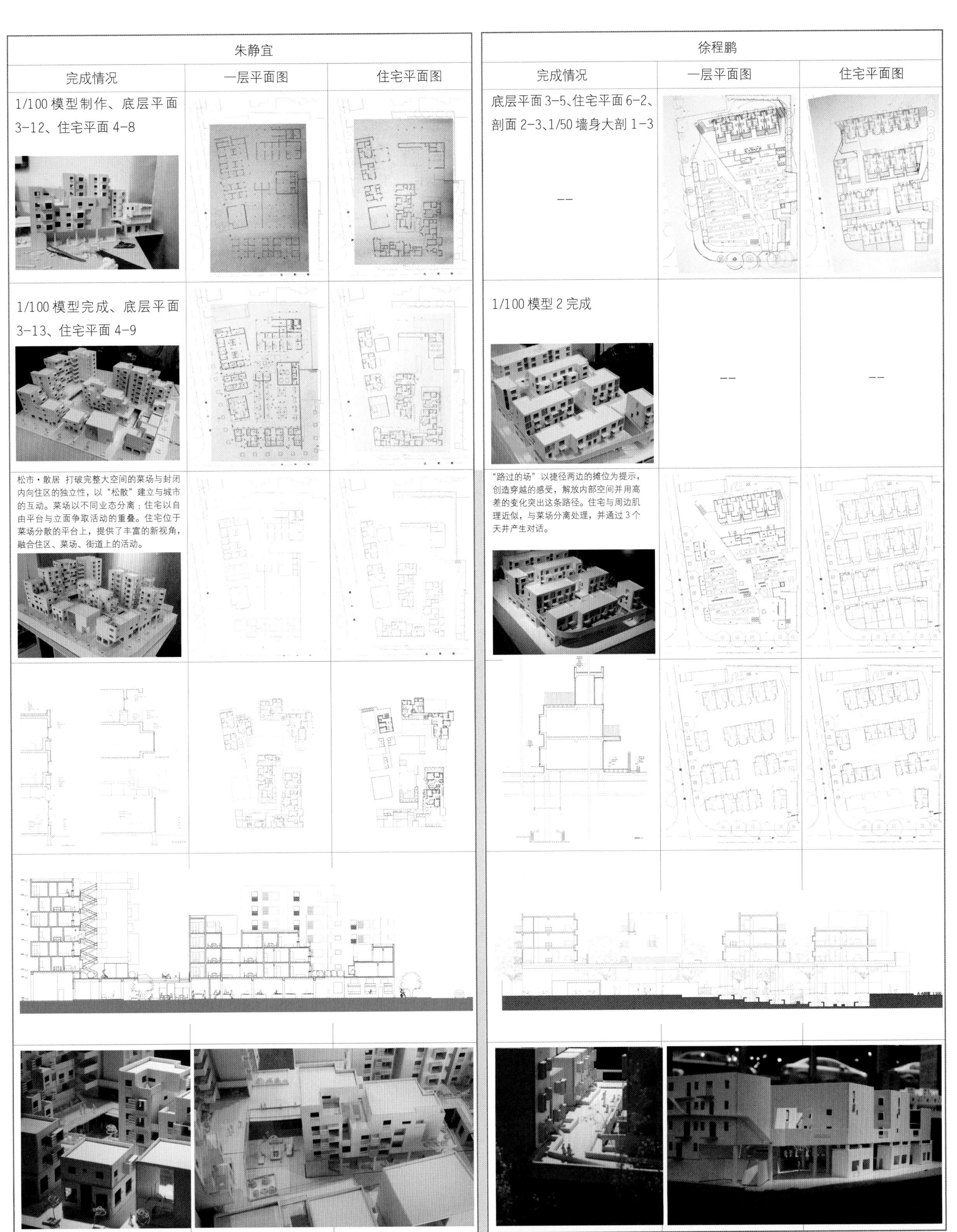

朱静宜		
完成情况	一层平面图	住宅平面图
1/100 模型制作、底层平面 3-12、住宅平面 4-8		
1/100 模型完成、底层平面 3-13、住宅平面 4-9		
松市·散居　打破完整大空间的菜场与封闭内向住区的独立性，以“松散”建立与城市的互动。菜场以不同业态分离；住宅以自由平台与立面争取活动的重叠。住宅位于菜场分散的平台上，提供了丰富的新视角，融合住区、菜场、街道上的活动。		

徐程鹏		
完成情况	一层平面图	住宅平面图
底层平面 3-5、住宅平面 6-2、剖面 2-3、1/50 墙身大剖 1-3		
--		
1/100 模型 2 完成	--	--
“路过的场”以捷径两边的摊位为提示，创造穿越的感受，解放内部空间并用高差的变化突出这条路径。住宅与周边肌理近似，与菜场分离处理，并通过 3 个天井产生对话。		

外滩三号 Mercato 意大利海岸餐厅

MERCATO AT THREE ON THE BUND

撰　文 | 如恩、藤井树
摄　影 | Pedro Pegenaute
资料提供 | 如恩设计研究室

地　点 | 上海外滩三号六楼
面　积 | 1000m^2
设　计 | 如恩设计研究室
竣工时间 | 2012年

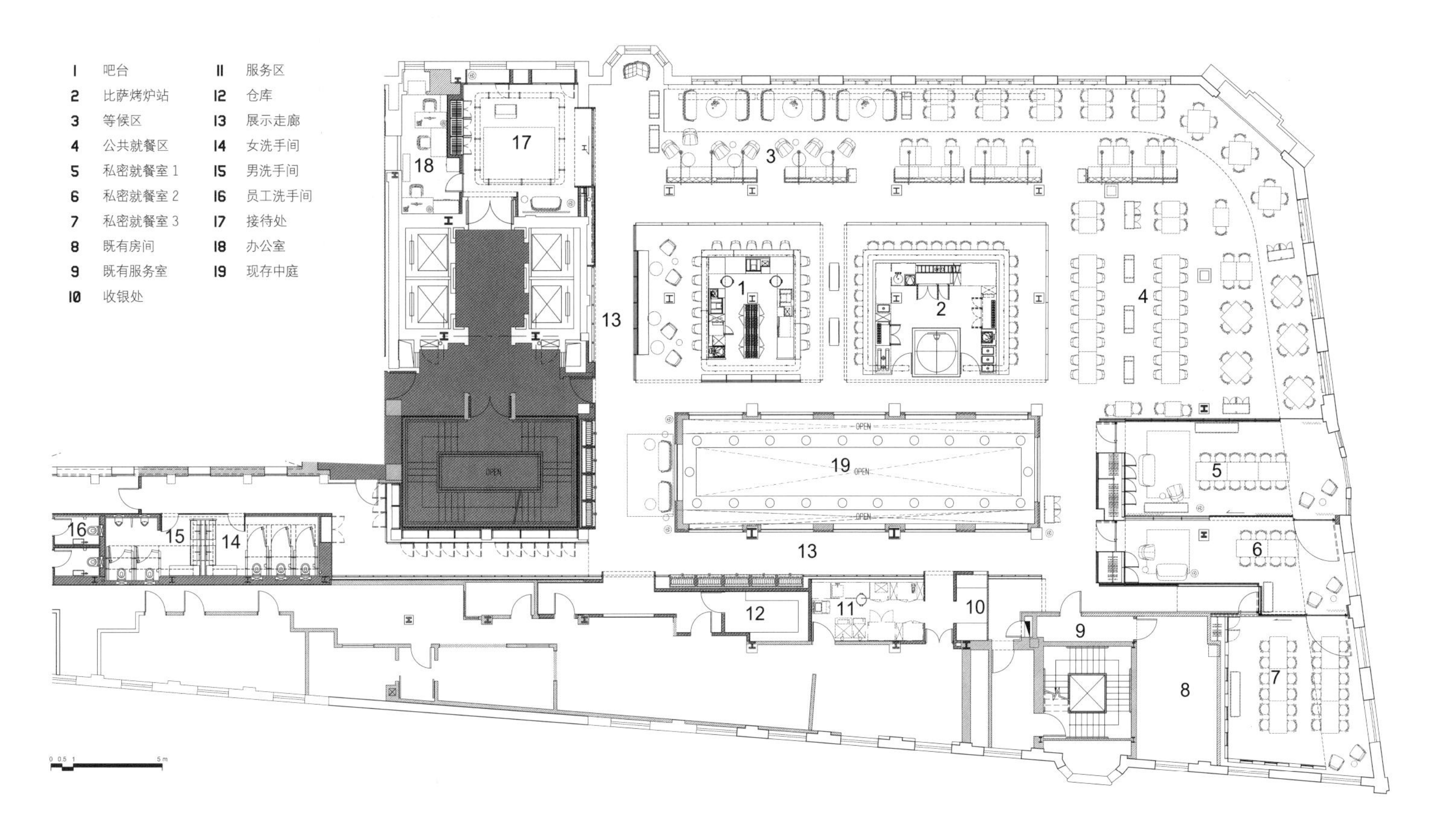

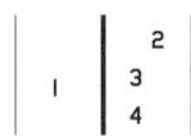

1 从接待处看向餐厅
2 平面图
3 从餐厅看向接待处
4 接待处

Mercato 意大利海岸餐厅由法国米其林三星大厨 Jean-Georges Vongerichten 主理，位于著名的外滩三号六楼，是上海第一家提供高档意大利“农场时尚”餐饮的餐厅。如恩设计研究室对这个 1 000m^2 餐厅的设计，不仅着眼于主厨的烹饪思想，还融合了餐厅所在建筑的历史背景，让人回想起 20 世纪早期，当时熙攘的外滩是上海的工业中心。

外滩三号是上海首个钢筋结构建筑，如恩设计研究室的设计理念还原了原建筑的纯粹美感，在拆除原有的多年前室内装修的同时，又注重保留原有老结构及老的施工工艺。接待台上方支离破碎的顶棚，外露的钢梁和钢结构柱，Logo 背面残缺不全的墙面展现在大家面前的做法，表达了对这个当年建筑界创举的敬意。新增的钢结构与现有充满质感的砖墙、混凝土、石膏板以及建筑造型形成鲜明对比。通过新与旧的对比，如恩的设计不仅述说着外滩的悠久历史，更反映出上海的岁月变迁。

迈出电梯，首先映入眼帘的是维多利亚式的石膏板顶棚，顶棚上斑驳的岁月痕迹与新增的钢结构相映成趣。沿着墙壁的储物柜，金属移门和钢结构上悬挂着一系列的玻璃吊灯，洋溢着老上海风情。正如餐厅的名字，公共用餐区的活跃氛围让人联想到街边的市场，其中心区域的吧台和比萨吧，四周包覆钢丝网、夹丝玻璃和回收木料。吧台上方的空心钢管结构，灵感来自旧时肉店的吊杆，这些钢管和裸露的金属吊杆错落交织在一起，刚好悬挂置物架和灯具。用餐区卡座区域的餐桌仿如拆卸开来的沙发，由现场回收的木材固定在金属框架里制作而成。

包房则如一个个金属框架的盒子，墙体由不同材料组合而成：回收的老木头，天然生锈铁，古董镜，钢丝网还有黑板，带有重工业时期感觉的墙面绘画，这一系列设计元素无不让人联想起外滩的历史长河。包房顶部的一圈波纹玻璃营造出空间的通透感，而包房之间的移门则赋予空间极大的灵活性。同样的设计语言也应用在连通厨房和餐厅的走廊上，受老仓库窗户的启示，带有背景照明的波纹玻璃墙也鼓励厨师和客人进行更多互动。

就坐于餐厅边缘的客人体验到的是一番别样情调。为了把光线引入室内，餐厅的边界是一个中间区域：连接室内与室外，建筑和景观，家庭和都市。石灰粉刷的白墙将其他丰富的材质和色彩隔离在外。餐厅空间的焦点不过是为了展现远处那让人窒息的外滩美景，把城市的天际线带到餐厅里来。

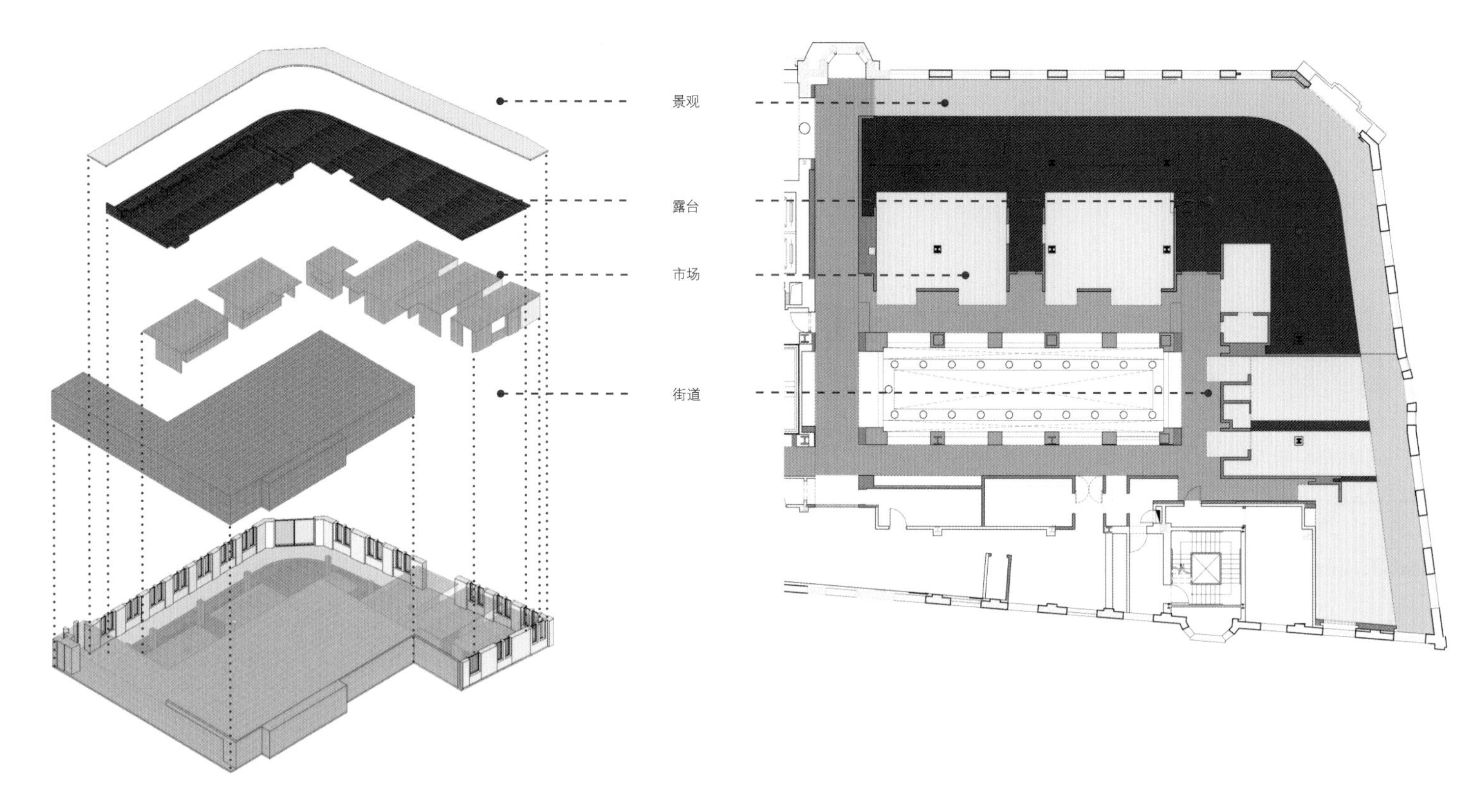

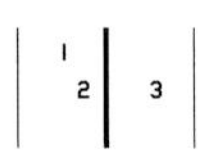

1 概念图解
2 等候区
3 公共就餐区

郭锡恩与胡如珊

(如恩设计研究室创始合伙人，Mercato 主设计师)：

餐厅设计，作为一种实践，我们探寻的是所做事情的意义和目的，所以我们始终以一种概念作为起点，并尽我们所能推动的，严格地发展它，这非常重要。

"Mercato"的本意是一种休闲随意、非常开放的意大利市场的氛围，所以 Mercato 是一个历史建筑内的休闲餐馆，概念来自著名厨师 Jean Georges（Mercato 荣誉主厨）。他在看过我们的作品——水舍的 Table No.1 之后，找到我们，并告诉我们，他想要同样的诚实与原始（honesty and rawness）。

我们定制家具和照明装置，以确保与我们整体设计设想的意图相一致。使用的一些木头是再生木，带着一幅回收木的样子，哀伤、破旧；一些木头经过燃烧，赋予了木材表面一种深暗的光泽；家具上的木材，为赋予一种更复杂精致的温暖情感，则选用了褪色的胡桃木或山毛榉木材。

我们做了很多改造项目，包括 Mercato，在别人看来，修复与翻新好像成了我们的兴趣，但在我们看来，给予老建筑以生命，是一种委任，理应是每个建筑师的责任，这不是我们喜欢与否的问题，我们几乎无法逃脱这个重大责任，尤其是在像中国这样的国家里，正在以前所未有的速度摧毁建筑。

公共就餐区剖面1

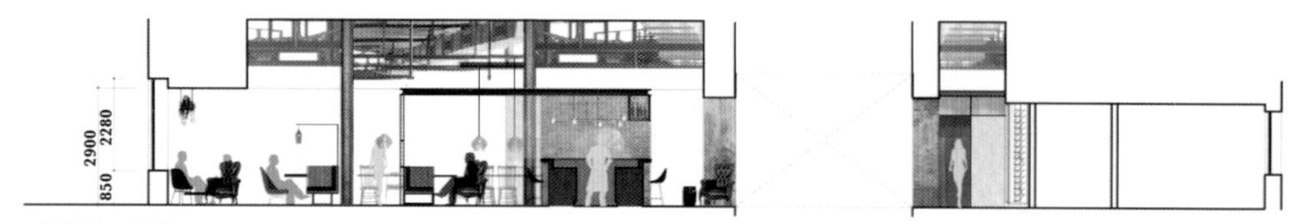

公共就餐区剖面2

走廊剖面

体验者说

Sandy Yoon（Mercato 行政总厨）:

Mercato 是我见过的最美的餐厅之一。但是我更希望自己能以普通客人的身份享受在 Mercato 用餐的过程，这样可以充分感受到餐厅轻松惬意的氛围和体贴入微的服务。从餐厅的概念来讲，设计风格和我们的菜单主旨是完全统一的，原生态的木纹、水泥柱和钢梁钢柱结构与我们菜单崇尚使用天然、有机的食材相得益彰。从 Mercato 餐厅望出去的外滩璀璨美景又与店内的装修风格形成巨大反差，让客人感觉更温馨舒适。

作为厨师，我觉得在 Mercato 工作同样非常方便愉快。开放式的厨房，还有中间是意大利原木披萨烤炉的披萨吧，为厨师的工作增添了更多乐趣及与客人交流的机会。披萨吧设置在餐厅的中心，这也与我们菜单以披萨为餐厅特色菜的主旨相一致。

与我过去工作过的的相对更摩登的餐厅——纽约 W 酒店的 Spice Market 相比，我更喜欢 Mercato 所营造的轻松、温馨的氛围。Mercato 的设计灵感来源于意大利的市场，这也与 Spice Market 当初设计源于香料市场相类似。两者都很好地让食物、食材与整体就餐体验有了完美的结合。

1 2 3 | 4

1 剖面图
2-4 吧台

1 餐厅局部
2 材质细部
3 私密就餐区

曾建龙

（新加坡 GID 国际设计首席设计师）：

中国现在很多城市的餐厅空间都是按照中国人的生活方式进行设计，但外滩三号 Mercato 没有把消费群限定在中国人群，而是按照国际化人群的消费方式进行设计，用完全国际的视野和思维概念呈现空间定位，不同国籍不同地域文化不同类型不同语言的人，不管东方西方，都能在这里找到自由的用餐方式。上海作为国际大都市，人群变幻莫测，本身就在寻求差异的融合，Mercato 又位置特殊，处于早期外滩租界，餐厅的定位和设计跟整个建筑、整个环境，跟老上海海派文化的融合还是比较到位的。

单从设计讲，整体设计手法已经很成熟，没有繁琐多余的装饰性空间造型，而是弱化空间造型，明朗呈现空间的人流动线、静动关系、内外关系，家具的摆设和呈现方式也很轻松。材料素雅简单，呈灰色调，没有过于多元。晚上灯光更多考虑到了休闲用餐或聊天的人，用控制系统进行氛围渲染，调节不同场景，让体验者可在空间找到自己的个人需求跟位置，或享受晚餐，或朋友聚会，喝着小酒，喝着咖啡，聊着生活。一个好的设计案子，光看外形没用，还要考虑体验者，当他坐下来，把心收下来，融入空间时，是不是很放松，这点很重要，但这个餐厅做到了，他是在用一种很酷很有张力的国际范表达手段，不断呈现一种舒适度。

现在去一个餐厅，不是在单一享受空间，还享受服务和美食，价位决定餐厅的整体脉络，设计创意价值只体现在客人进入空间的前期，当他进入空间，服务跟美食能不能吸引他第二次再来，这点很关键。我们也做很多餐厅，我们跟客户首先沟通的并不是创意造型设计，而更多沟通餐厅想怎么经营、未来客户是什么样的人，目标客户人群的定位构造在前期经营和创意设计时，要已经很明朗，所以可能会有一部分人不适应 Mercato 的环境，但可能跟个人生活习惯有关。

任何餐厅空间都会有自己的定位，Mercato 是以更包容，更国际范的方式去呈现当下人的生活方式，同时以轻松、优雅的当下生活美学来传递 Mercato 意大利餐厅的核心思想。

方钦正

（法国纳索建筑设计事务所合伙人）：

我对如恩还蛮熟的，也是同行，他们做 Mercato 的时候，我有到现场看过。这家餐厅设计一大特色在于对家具的琢磨和推敲。以往我们常见到如恩的设计项目里会大量采用“设计共和”代理的一些家具产品，但此案的大部分家具都是如恩内部自行设计的，估计这和业主的预算有关。如恩原本就有支专门设计家具的团队，加上长期配合的家具订制商也颇专业，让整体效果非常出色。

说是南意大利海岸风格，我觉得 Mercato 刚好是如恩过去几年累积的呈现，材质、尺度和细节把握都非常熟练，比如废旧材料利用，金属管、原木等搭配……据我所知，接待大厅破旧墙面不属原方案，只是在拆除旧有墙面后发现原底墙还挺有感觉，就保留了下来；有些原木和木地板是从外滩三号二楼多功能空间的木地板拔下来的;不管展示柜、餐桌、椅子或吧台，处理都非常干净出彩，不知有没人发现，餐桌底下其实有个挂女包的挂钩，家具底下的支撑脚用金属做的，金属跟挂钩之间有一个连接……灯具不一定是意大利手工玻璃，工艺却充分体现了意大利手工玻璃的感觉。我感觉餐厅设计会慢慢朝这个方向走，在家具和灯具上下功夫。

餐厅主厨 Jean Georges 的品位也扮演了非常重要的角色。据说，为了定一把在 Mercato 用得

较多的餐椅，很难想象，如恩前后来回跟 Jean Georges 邮件沟通了 200 多次。桌子布置还相对不错，桌间距相对宽敞，在外滩这区域是比较奢侈的，业主方外滩三号在这方面还是比较有要求的。Jean Georges 对灯光抓得也蛮紧，整体灯位排布是 Jean Georges 找他的纽约团队过来调整，最后效果还不错，但和如恩他们最初的想法有点出入，总感觉现场的灯具多了点。

如恩是朝一个方向一直走，在材料在细部上钻研，做得非常精奇独特，没有很用力做空间，也是如恩的优点。这几年他们完成的项目都带着浓厚的相似元素，逐渐在淬炼自己独有的风格，这是晋升全球知名事务所的必要条件。铁件、旧木、水泥的搭配加上固有的空间美学底蕴让如恩的项目屡获大奖，也在业界建立相当口碑，只是运用到餐饮空间可能会导致人群相对吵杂而直接影响用餐者的舒适度，尤其是声音，这在水舍一层的餐厅尤其明显，不管是朝着路边还是朝着水舍中庭的立面，都是非常巨大的落地玻璃，没有软性装饰，顶跟地面都是水泥或木材系统，可能因为想做得干净，但这就比较考验里头顾客的素质了。不过这样喧闹的氛围其实是符合 Mercato 这个项目的，因为其意大利语的意思就是市集。

亚洲或华人设计师，或多或少会用东方元素，这在过去的十几年看似还蛮让人受用的，不论是在空间设计还是服装设计，但也有批优秀的设计师不以为然，比如 Alexander Wang，如恩也一样，Lyndon 和 Rosanna 都是华人，在上海和伦敦都有办公室和案子，当然，有些案子，如恩可以解释说，有些中式禅意，可我发觉他们的设计和思考方式不带东方色彩，至少在形式上无刻意彰显，而是直接跟欧美设计硬碰硬，我一直很欣赏这种设计态度。

俞挺：

设计从高到低的等级有 great，gorgeous，very good，good……能让我就只想着东西好吃，忘记设计，然后发现设计还那么好的餐厅，是 gorgeous，吃完饭后，还能让我感受到生活之上的某些精神体验，或让我有点点思考，是 great。如恩的水舍至少在 very good 和 gorgeous 之间，但如恩最近的设计始终没达到水舍水准：Mercato 是 good，在如恩的创作里，相对可以，但仅此而已；食社虽然也没超过水舍，但远好于 Mercato；但都没超过水舍，那有什么意思呢？水舍也没达到 great。

作为设计师，进入水舍，我会上下左右去研究。水舍是在用材相对简单的情况下，创造了多种空间体验、触觉体验，及触觉感引起的视觉体验，水舍的触觉感就有好几种，光滑、毛糙……毛糙又分混凝土、木、皮毛、皮等等；水舍虽小，底层面积和 Mercato 面积差不多，但空间层次丰富，分区非常清楚，还有效利用光线，虽然设计很酷，但人在里面很放松。

Mercato 却是用少数几种跟水舍差不多的单一材料和元素，比如餐桌、老木头，在一个历史建筑里，创造了单一的空间、触觉和视觉体验，也没有效利用空间，空间布局非常平，坐一会儿会觉得累。食社好于 Mercato，也好在空间丰富，形成的触觉感相对丰富。一比较，差距就出来了，Mercato 没给我激起任何设计上的共鸣，没有特别吸引人，没有特别的空间烘托，中规中矩。

在饮食风格上，Mercato 是意大利餐厅，但典型的高档意大利餐厅会豪华地使用大理石，即便是普通的意大利饭店也要求到处洋溢着愉悦放松的状态，可是 Mercato 用餐环境黑乎乎的，设计和餐厅气质、用餐体验感不 match。

当然，国内多数室内设计师也都还达不到 Mercato 的水准，国内大多是“拼贴式”的 over designed，抓到哪是哪，用不相干或相冲突的元素、材料和装饰到处堆在一起。而如恩在 Mercato 中还是继承了他在设计上的一贯特点，风格统一，在材料、照明、家具等方面控制很成熟，控制住了装饰的欲望，尽量让材料本身的触觉感做视觉引导，虽然触觉感也仅此而已。

Mercato 是一个成熟设计师做的一个成熟产品。对于像我这样看过和做过很多设计的人，我们对创作出水舍的如恩，当然有更高要求，如果可能，我希望如恩不应停在水舍的基础上，削弱自己的创作力，而要在水舍的基础上，超越水舍，创作出更多比水舍更精彩、更令人激动的好东西，这才是我们乐意看到的。END

Conarte 儿童图书馆及文化中心

CONARTE CHILDREN'S LIBRARY AND CULTURAL CENTER

撰　文	银时
摄　影	Caroga Photographer
资料提供	Anagrama设计事务所

地　点	墨西哥蒙特雷
面　积	1 025m^2
业　主	Conarte
设　计	Anagrama设计事务所
竣工时间	2013年

蒙特雷（Monterrey），墨西哥的第三大城市，因其壮美的山脉以及浓厚的工业背景著称于世。位于城市中心的Fundidora公园，是一个独具特色的工业考古标本，这里之前曾是创立于1900年的大型钢铁铸造厂。昔日工业重地如今变成了一座集花园、博物馆、会议中心、礼堂、主题公园及文化活动场所于一体的公园，墨西哥新莱昂州的文化和艺术委员会（Conarte,Council for the Culture and Arts of Nuevo León）就坐落于此。

在这里，Conarte与本地著名的建筑事务所Anagrama一同合作，为孩子们创造出了一处别致的空间，以培养他们阅读与学习的兴趣。这个儿童图书馆及文化中心被置于一座仓库式的旧建筑中，这栋建筑物原本在当地是座禁止触摸的古迹。由于本身就是一个州级工业考古遗迹，整个建筑被完好无缺地保存下来。因此，设计师的设计方案不但需要考虑到建筑物“碰不得”的性质，甚至要加强它。

于是产生出了最终的设计成果——一个多功能的、非对称的阅读平台。阅读平台所采用的材料包括木材、合成地毯和霓虹涂料。这个平台模拟了蒙特雷的山脉地形，书架不仅作为存储放置书本之处，更作为一个动态的空间供儿童玩耍和学习，激发出孩子们的想象能力并提供一个舒服的阅读空间。新建的舞台则是由半透明的聚碳酸酯墙构成，与鲜艳的玫红色照明装置互相映衬。新建设施的丰富色彩及几何美学设计，与完好保留的古色古香的工业建筑产生对比，用欢快的和独特的方式将二者同时强调到极致。END

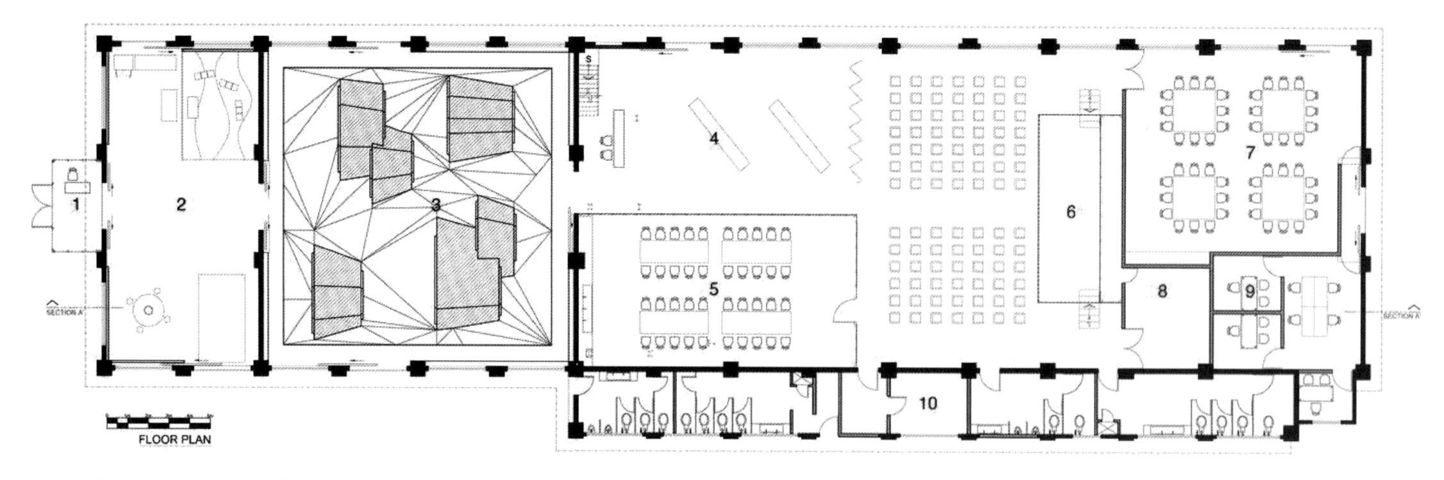

1 前台
2 艺术及工艺品介绍
3 图书馆
4 中心厅
5 艺术品及工艺品展区
6 剧院
7 成人学习室
8 衣帽间
9 办公室
10 后厅

I 平面图
2-3 多功能阅读平台，模拟了蒙特雷的山脉地形
4 空间原有的结构和氛围也被保留下来
5 舞台与艳丽的照明装置相映成趣
6-7 顶棚与照明装置

西班牙 Sa Pobla 社会住宅

SPAIN SA POBLA SOCIAL HOUSING

撰　文｜银时
摄　影｜José Hevia
资料提供｜Ripoll Tizon建筑设计事务所

地　点｜西班牙马略卡Sa Pobla
面　积｜2 498.70m²
设 计 师｜Pep Ripoll-Juan Miguel Tizón
设计时间｜2008年
竣工时间｜2012年

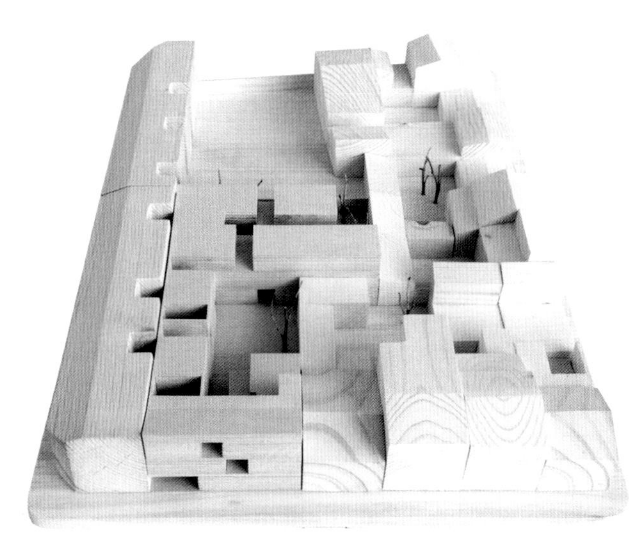

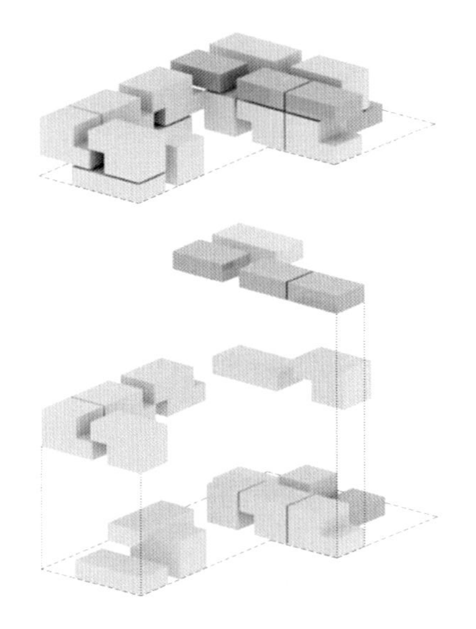

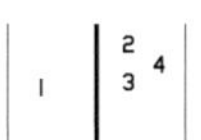

1 碧空下，白色的房子与石墙构成温馨私密的宜居景象
2 模型
3 交通动线分析
4 建筑外观

前不久，位于西班牙马略卡的Sa Pobla社会住宅项目夺得了2013PLUS最佳公寓住宅奖。这个项目是西班牙著名设计机构Ripoll Tizón建筑事务所的又一佳作。

该项目位于地中海小城Sa Pobla城市肌理的边缘处，一共由19个住宅单元组成，其中有公寓住宅，也有带有两三个卧室的套房。设计的目的在于探索和发现由时间流逝所带来的各种不同建筑形态累积，从而产生出诸多个性、张力、微妙差别叠加所形成的复杂的城市环境中可能存在的机遇。

从一开始，发展出整个设计的基本元素就围绕着基地环境展开。这些元素就是那些能够诠释基地的气候、环境，以及本地生活方式的东西。只要简单地在周围转转你就能发现这些元素——庭院、过滤器、灯光、建筑的精巧尺度……情景交融在一起，它们有各自的单元但又融为一体，从外观上，你看不出单元的起始点，也想象不出尽头是在什么地方。

设计师希望创造出能融入到场地城市环境中的建筑，他们将整个设计视为城市的一个片断，并试图为其找到合适的尺度。通过对周边建筑和街道情况的考量，建立起良好的邻里环境，并产生非常丰富的外部空间序列。

而在住宅组团内部，设计的出发点变成使每个家庭在这里能有全新的探索，得到相异的共生结果。制定简单、精确但又不乏多样性的单元，私人庭院、街道、小巷、露台、广场，循环的交通流线和其他公共空间巧妙地交织在一起。住宅单元中，厨房、客厅、餐厅被设定为大模块，通常为一层高或者双层高；其他诸如浴室和卧室则是小模块。这些模块聚合在一起，根据数量不同形成大小各异的住宅单元，每个住宅单元都可以被理解成为模块的聚落，这些模块的聚落形成了整个大的社区。在场地特定的物理环境中，创建出丰富的景观和色调，形成一个高品质的，正统的，标准化的社会住房社区。

遵循整个设计与场地形成对话的策略，项目中所使用的材料，也充分考虑了这一原则。建筑的百叶窗和房门都添加了相同的木涂饰层，旨在与周边地区其他住宅的外观形成呼应。百叶窗的布局和活动由住户控制，构成了一组反映建筑使用状况的变换无穷的图像。而项目其他区域的材料则保持了简约、低调的风格，配合白色抹灰墙面和裸露的混凝土表面。建筑外立面的白色涂饰层为整个建筑群提供了统一和连贯性。

项目的可持续设计也反映出因地制宜的特性，更多地采用了传统的低技策略，如良好的方向、日照和阴影元素、交叉通风、植被、庭院，以及利用外部空间抵挡来自地中海的风吹日晒。这些策略的运用可以减少建造成本，并将进一步导致维护成本的降低，并且对于日后的住客而言也更易于维护和使用。END

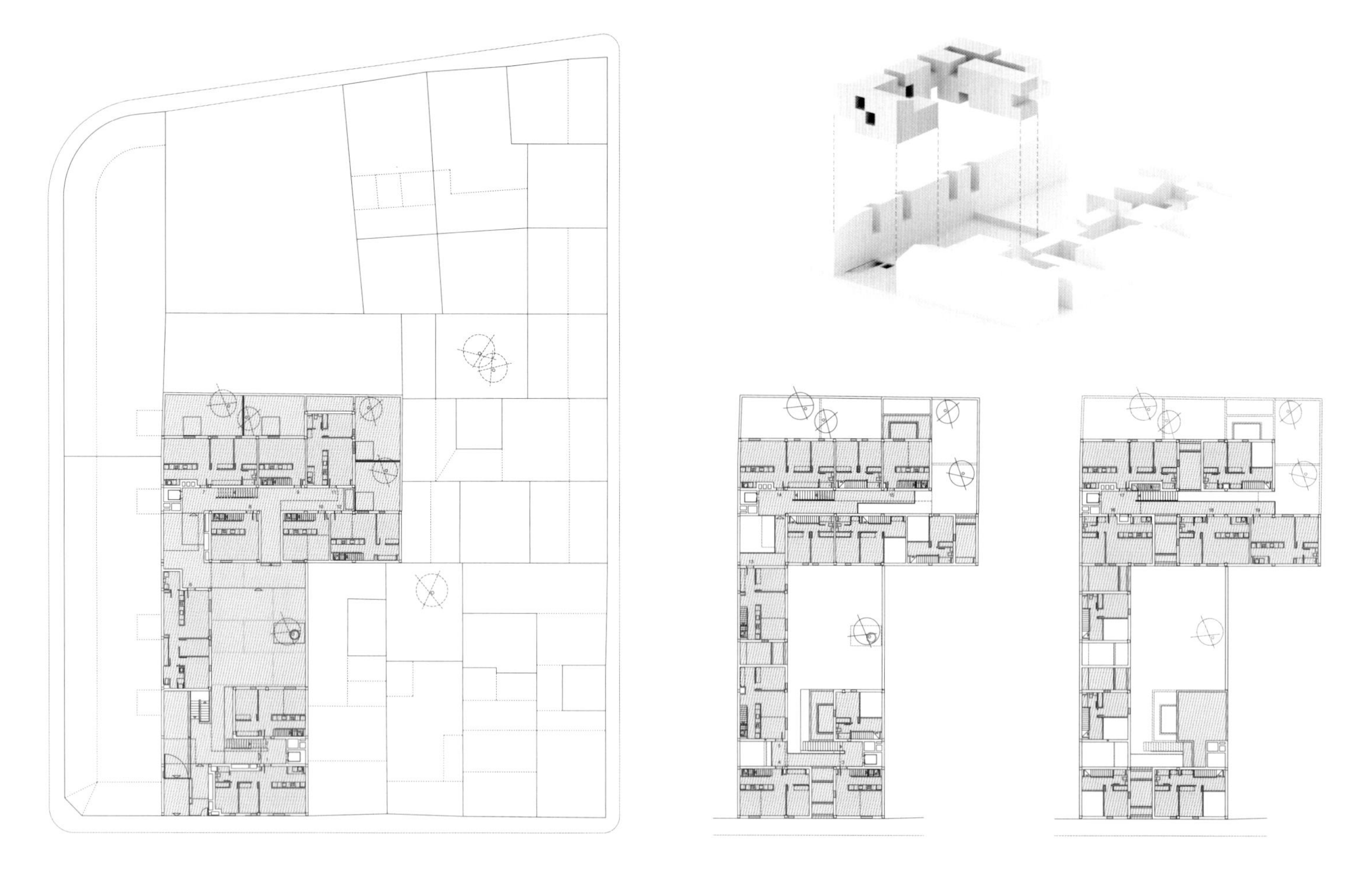

1	3
2	4 5

1 结构分析及各层平面

2-5 住宅组团内部不乏各种多样性的单元，楼梯、过道、私人庭院、小巷、阳台……交通流线和公共空间巧妙地交织在一起

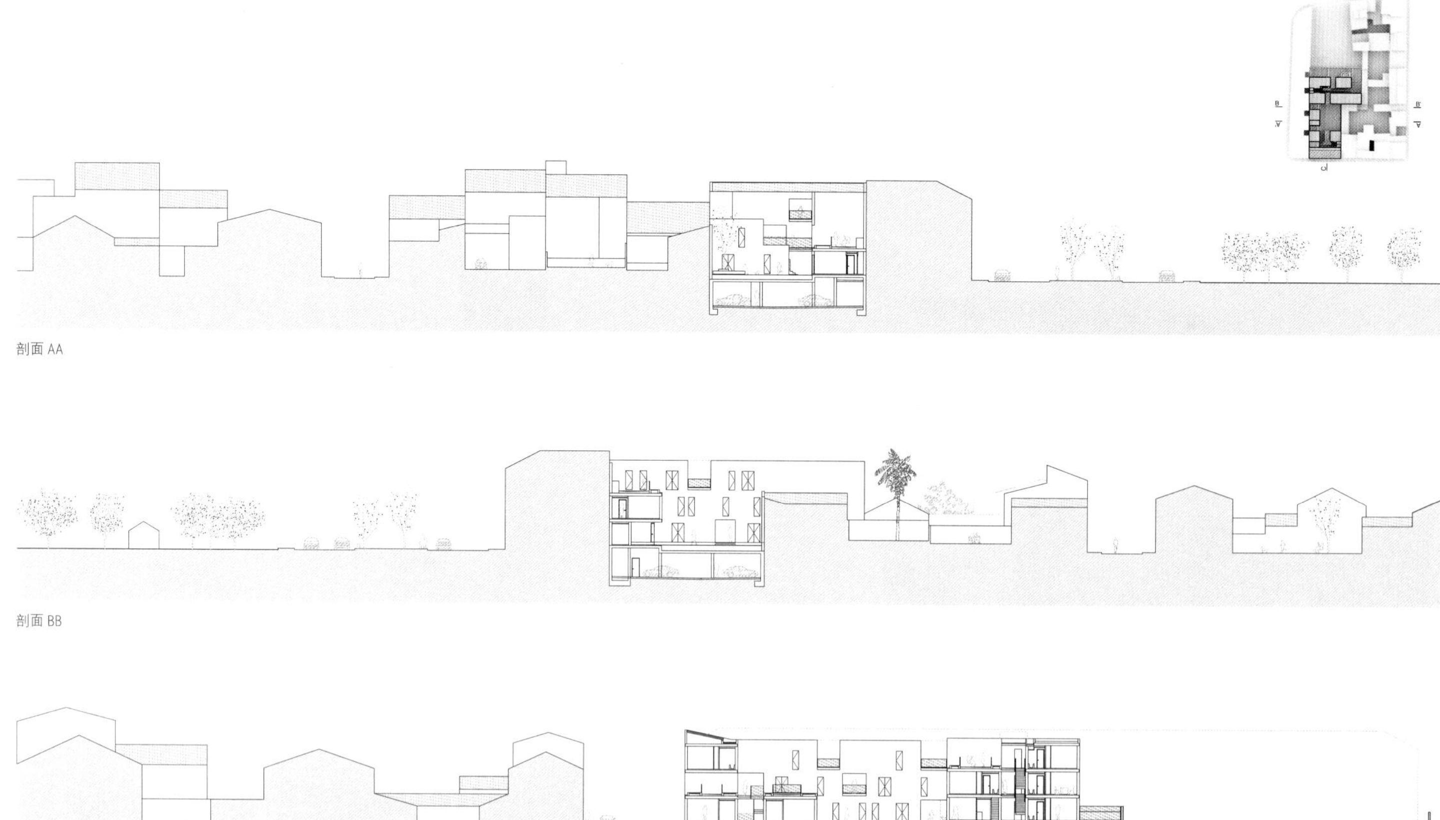

剖面 AA

剖面 BB

剖面 CC

1	4 5
	6
2 3	7 9
	8

1 剖面图

2 百叶窗的布局和活动由住户控制，构成了一组反映建筑使用状况的变换无穷的图像

3 细节处一些别致的材料和色调的点缀，丰富和活跃了纯白色的建筑体

4-5 住宅室内格局

6-8 不同的观察点如同一个个取景器，撷取每一瞬间的城市景观

9 建筑的百叶窗和房门都添加了相同的木涂饰层，旨在与周边地区其他住宅的外观形成呼应

日本大阪私宅

HOUSE IN NISHIMIKUNI

撰　文	藤井树
摄　影	Yasunori Shimomura
资料提供	arbol
地　点	日本大阪
占地面积	169.24m²
建筑面积	91.70m²
建筑设计	arbol（建筑设计及施工管理）、FLAME（细节设计）
景观设计	Toshiya Ogino Landscape design
结　构	木结构
材　料	杉木外墙及内墙、石膏板
竣工时间	2013年7月

日本设计团队 arbol 在大阪市中心为一对退休夫妇设计了一套一层私宅。在都市中心，被一排排共管式公寓所包围的低矮私宅应该怎么设计？ arbol 认为关键在于环境和私密性，或者说如何利用外部空间。

在占地面积有限的场地中，这个私宅设计抛弃了那些惯常思路，比如要有尽可能大的建筑空间或便捷性，而是去追求最大限度的简单和丰富。非必要楼层被撤掉，没有两层、3 层或更多层，而是仅仅只留一层，无对外开窗，却引进了更多的自然光线；不仅楼层数，房间数量和所占面积也被尽可能地减少，剩出的空间被利用成一个穿过住宅的 S 线型露天庭院，绿植和蓝天相互映衬，几乎让人时时感觉像在森林中，处处是流动的生机和乐趣，让小空间得到了无限扩大和丰富。

因为附近是公园，包围着它的一幢幢公寓也都比它高大得多，私密性成了它必须要解决的问题，包括从公园及附近公寓看向私宅、从私宅场地内部看向外部的视线应该如何设计和控制，设计师最后用墙包围了整个房子，解决了这个问题。一个简单的私宅，空间、材料、庭院、光线、蓝天，却又让它无限丰富。END

1 | 2
3 4

1　俯瞰建筑
2-4　建筑外观

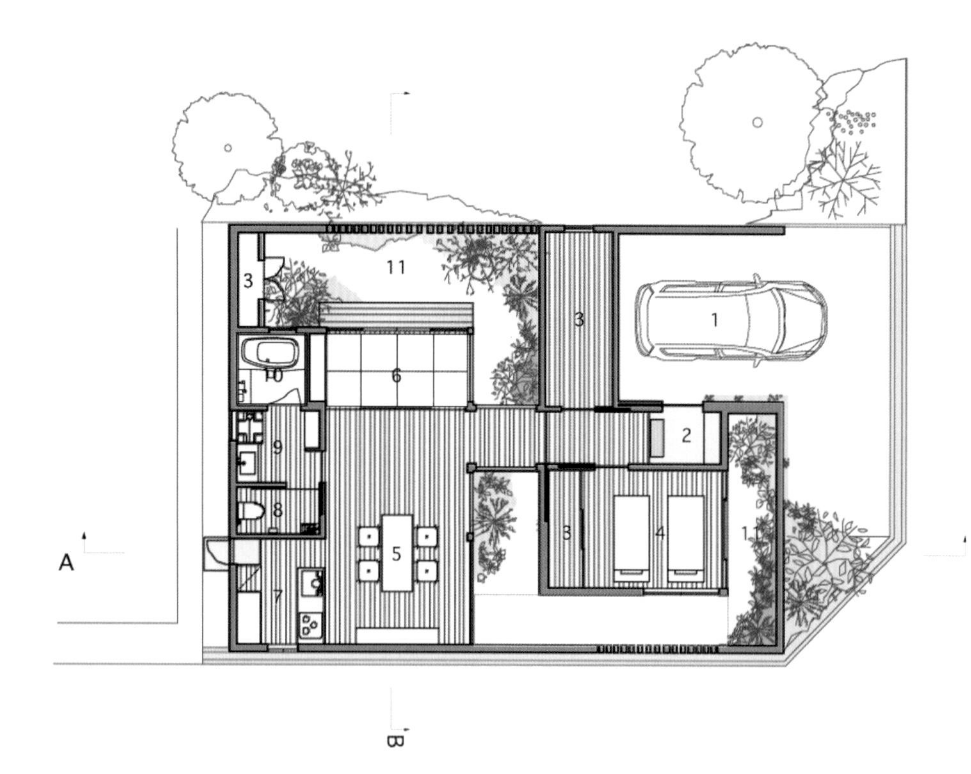

1 停车
2 入口
3 储藏
4 卧室
5 起居室与餐室
6 塔塔米（日式卧房）
7 厨房
8 厕所
9 盥洗
10 浴室
11 庭院

1　平面图
2-5　S线型露天庭院，贯穿整个住宅，让人时时感觉像在森林中

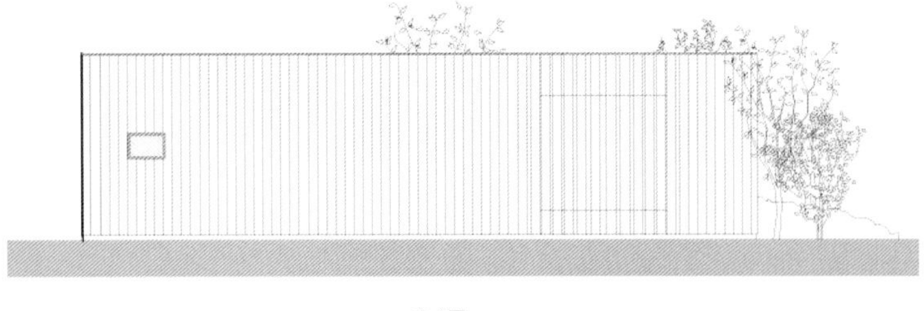

南立面

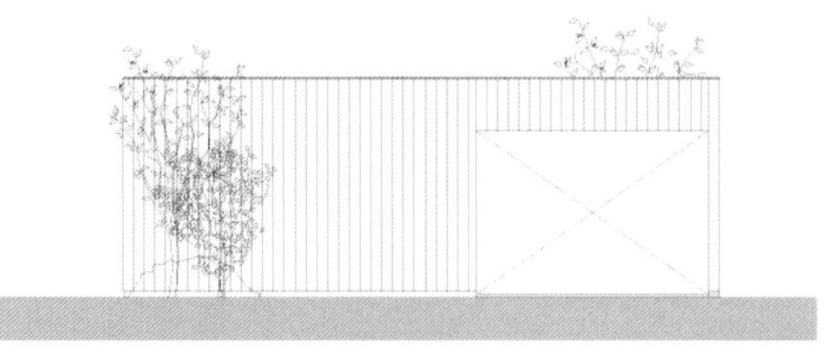

东立面

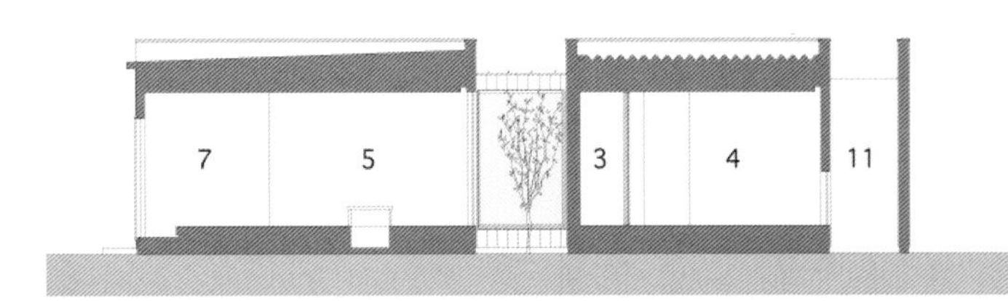

剖面 A

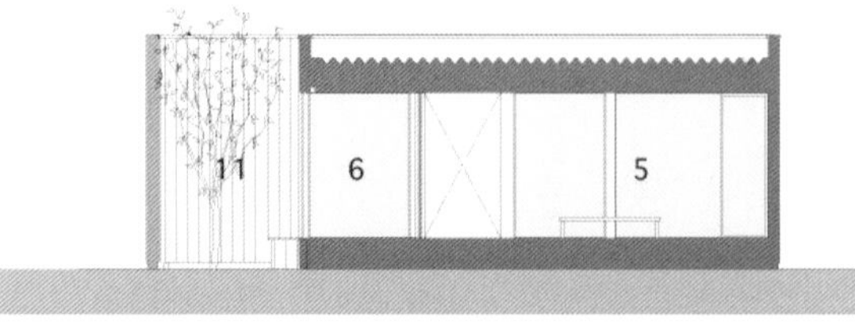

剖面 B

1 立面图
2 剖面图
3-5 露天庭院
6-10 室内空间

Rio Bonito 小屋

RIO BONITO HOUSE

撰　文　藤井树
摄　影　Nelson Kon
资料提供　Carla Juaçaba

地　点　巴西里约热内卢州
设　计　Carla Juaçaba

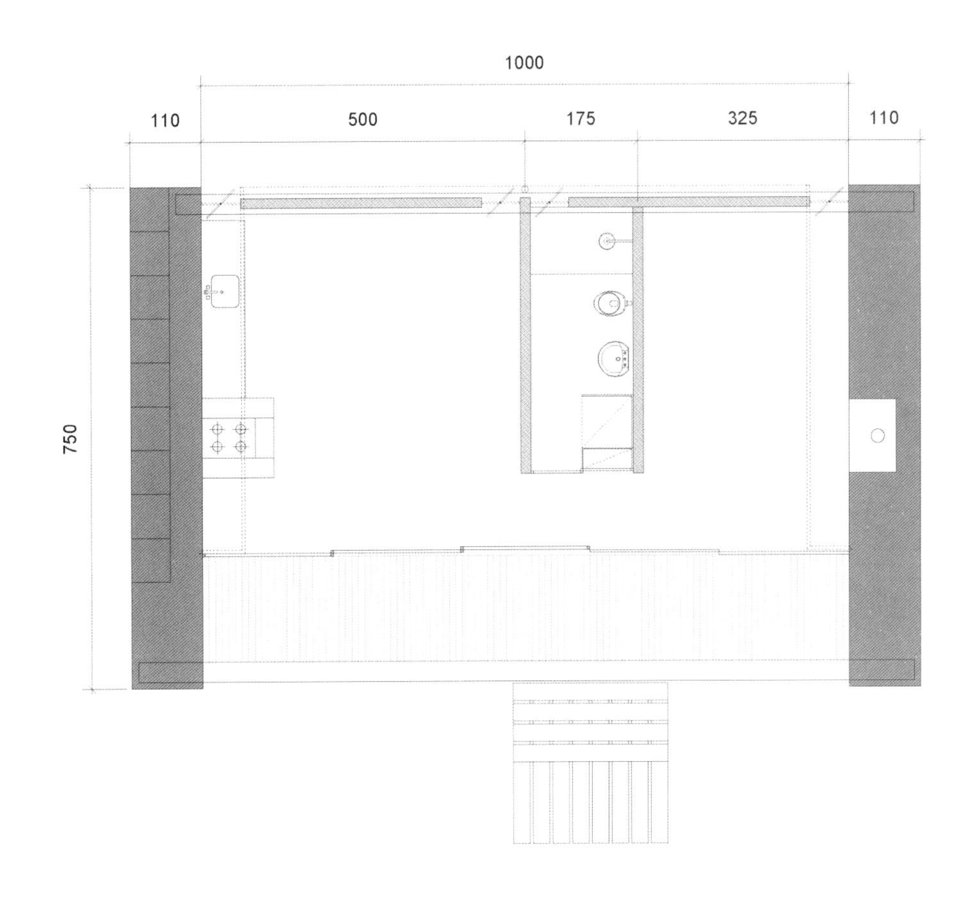

Rio Bonito 小屋位于巴西里约热内卢州东部的葱翠山脉区域，且邻近河流，这是完美的周末度假和静修之地,但小屋本身的设计更值得一看。

两面 1.1m 厚的承重石墙支撑起 4 个钢梁，钢梁又支撑着悬浮于地面的地板和屋顶。而悬浮于地面，既保护小屋不受湿气、风化侵害，又保证了与河流在视觉上的联系。前后立面中平行的透明玻璃门，使室内观者能同时一览小屋前的河流和后部的葱茏植物。

由两边天窗倾泻而下的光线，好像清洗了内部石墙的粗糙表面，更加强了石墙的重量感与悬浮地板及屋顶的轻盈感间的强烈对比。石墙内凿有壁炉和木材燃烧炉；石墙外侧面有石梯，可通向屋顶花园，进一步阐释了虚实对比的概念。火与水，重量与轻盈，古代与现代共存于此栖息地中。END

1 天窗光线加强了石墙与顶棚在材质上的对比
2 平面图
3 从正面看建筑

1	3
2	4

1-3 从外部，不同时间不同角度看建筑
4 结构细部

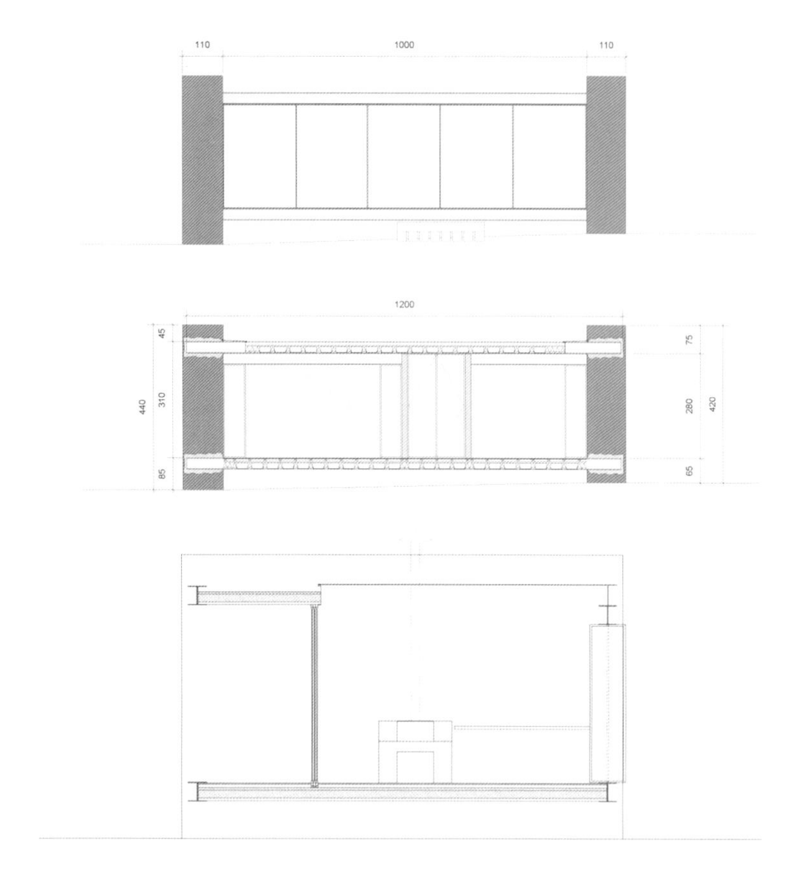

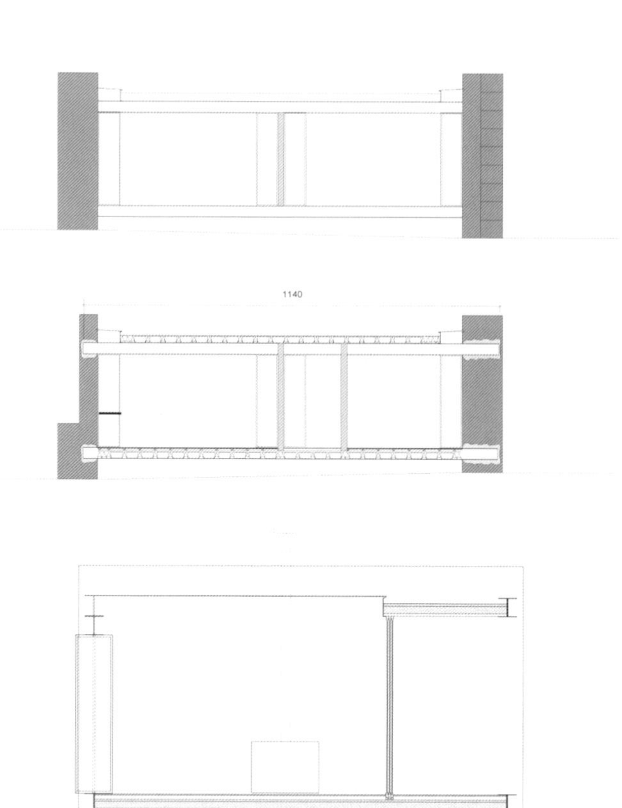

1 2 3 4	5 6 7

1 立面图
2 剖面图
3-4 室内局部
5 通往屋顶花园的石梯
6 前后立面中平行的透明玻璃门，使室内观者能同时一览前后景观
7 石墙内凿有壁炉，进一步阐释了虚实对比的概念

王小慧艺术馆
XIAOHUI WANG ART MUSEUM

撰　　文 | 安亚
资料提供 | 王小慧艺术馆

地　　点 | 苏州市平江区大儒巷54号
设　　计 | 王小慧
建造时间 | 2013年
竣工时间 | 2013年

老宅古建固然是珍贵的历史文化遗产，但如何令其获得新生却是目前亟需解决的课题。旅德华人艺术家王小慧则给出了一份不同的答卷。

原位于苏州大儒巷6号的丁宅，建于清代，是苏州市控保建筑，原深达七进，现仅存四进，主体建筑年久失修。为更好保护它，同时增添平江路周边文化底蕴，经多方专家论证，对丁宅进行移建保护，老宅向东移至紧邻平江路的大儒巷54号（原平江路农贸市场所在地）。建筑师出身的王小慧亲自主持该设计，将其打造成王小慧艺术馆，该馆第一次全面呈现了王小慧包括摄影、装置、雕塑等跨界艺术的成果。

移建后的丁宅历史价值和价值载体得到了延续，在保证"原汁原味"的前提下，融入到了平江历史街区的大环境中，但馆中的当代艺术馆又令古建筑焕发出了青春的活力。

从大儒巷进入王小慧艺术馆，首先看到的是明代风格的扁作梁、三进与四进之间的荷花池、古典庭院特有的旧石板。不过，这里显然已不只是单纯的苏州古宅，在丁宅的每一进上下层，均陈列着王小慧各时期的代表作，有最具知名度的《花之灵·性》摄影作品系列、《我的前世今生》自拍作品系列、《花非花》装置和雕塑系列等。

"原来苏州的古建筑经修缮后有的被利用为客栈、茶楼、工艺品店，有的成为博物馆，但像王小慧艺术馆这样动态、长远经营创意设计产业的还是第一家，"平江历史街区保护整治有限公司董事长陈建平说，"作为著名现代艺术家，王小慧能把自己的知名艺术品带入丁宅，能体现出古建保护利用与当代艺术创意产业的融合。"

同时，王小慧艺术馆与平江路管理公司共同发起"创意先锋：未来设计师培养计划"，她联合了全国各地十几家有影响力的艺术机构与大专院校，为培养青年设计师与本土设计品牌搭建了平台。END

我的前世今生
毛主席挥手我前进

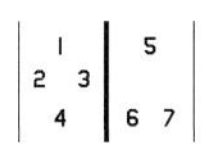

1-3　王小慧的代表作之一《花非花》陈列在古宅中
4　馆中亦展示了许多王小慧的代表作
5-6　古宅的池子中植入了现代感的荷花雕塑
7　古宅仍秉承修旧如旧的原则

比尔及梅林达·盖茨基金会游客中心

BILL & MELINDA GATES FOUNDATION VISITOR CENTER

撰　　文 | 藤井树
资料提供 | OLSON KUNDIG ARCHITECTS

地　　点 | 美国西雅图
面　　积 | 1 021m²
设　　计 | OLSON KUNDIG ARCHITECTS
竣工时间 | 2012年

比尔及梅林达·盖茨基金会由比尔·盖茨及其妻子梅林达·盖茨创立，旨在促进全球卫生和教育领域的平等。游客中心的设计则寻求在游客和基金会使命间建立一种联系，通过互动性装置展示全球在教育及卫生领域所面临的争议和挑战，以及人们在促进更健康更富成效的生活方面所做出的努力，启发游客通过现场的数字平台，探索、分享自己的想法和解决方案，并激励他们做出能力所及的富有创造性的行动。

在具体设计上，游客中心主要通过钢支架组织空间并展示陈列品，钢支架的模块化并易于拆卸，使空间在形式上保持了完整和一致性的同时，更能灵活地满足展示功能变化的需求。而通过整合不同层次的尺度、空间及材料等，又显现出与功能各异的区域相应的差异来，使游客在丰富的体验和互动中，兴致能够始终不减。END

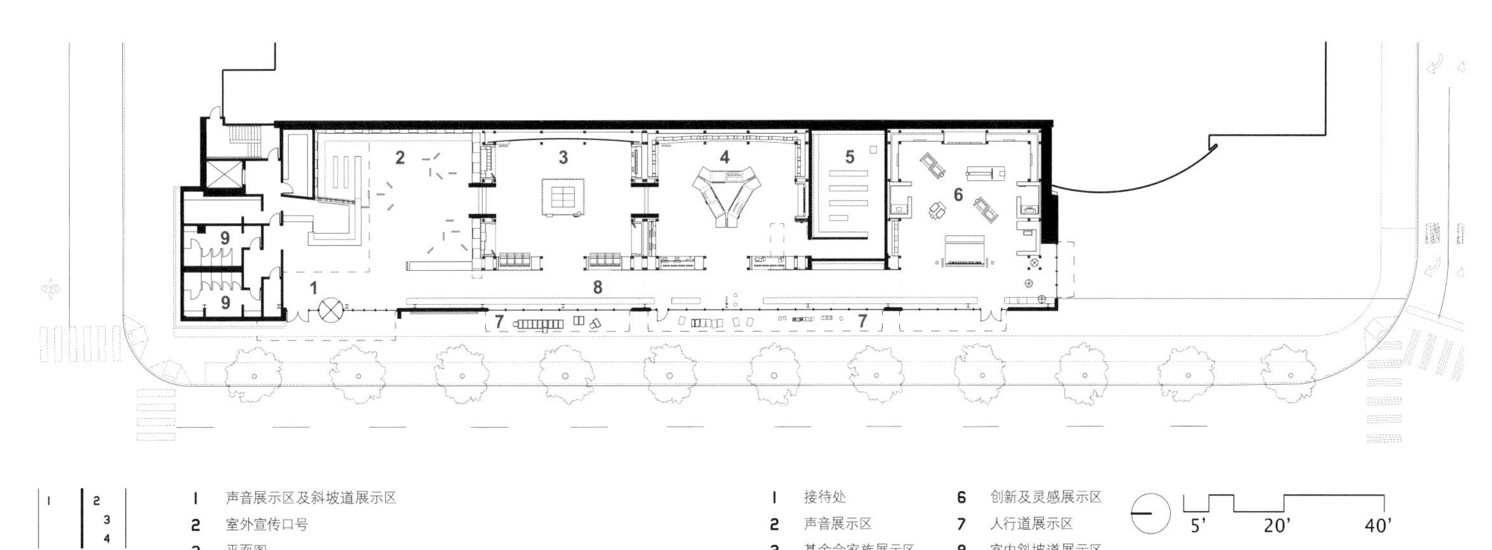

1 声音展示区及斜坡道展示区
2 室外宣传口号
3 平面图
4 声音展示区，展示受过基金会影响的160多个人物肖像，及15个有声肖像板

1 接待处
2 声音展示区
3 基金会家族展示区
4 合伙人展示区
5 剧场
6 创新及灵感展示区
7 人行道展示区
8 室内斜坡道展示区
9 休息室

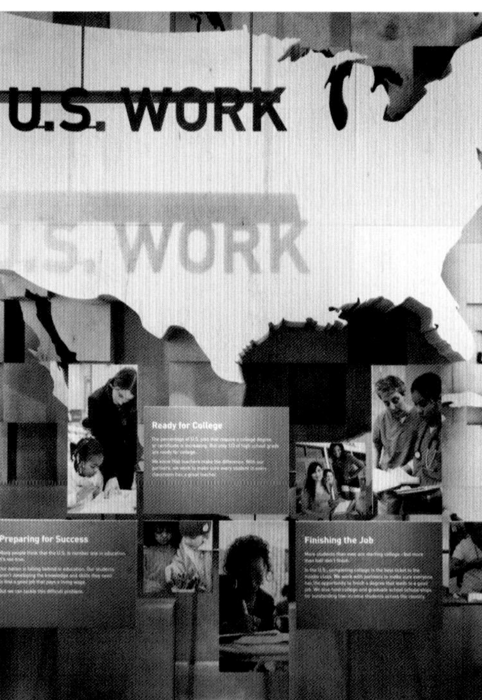

1-2 基金会工作内容展示区
3 创始人引语
4 剧场入口
5 剖面图
6-8 剧场动态墙

5'
20'
40'

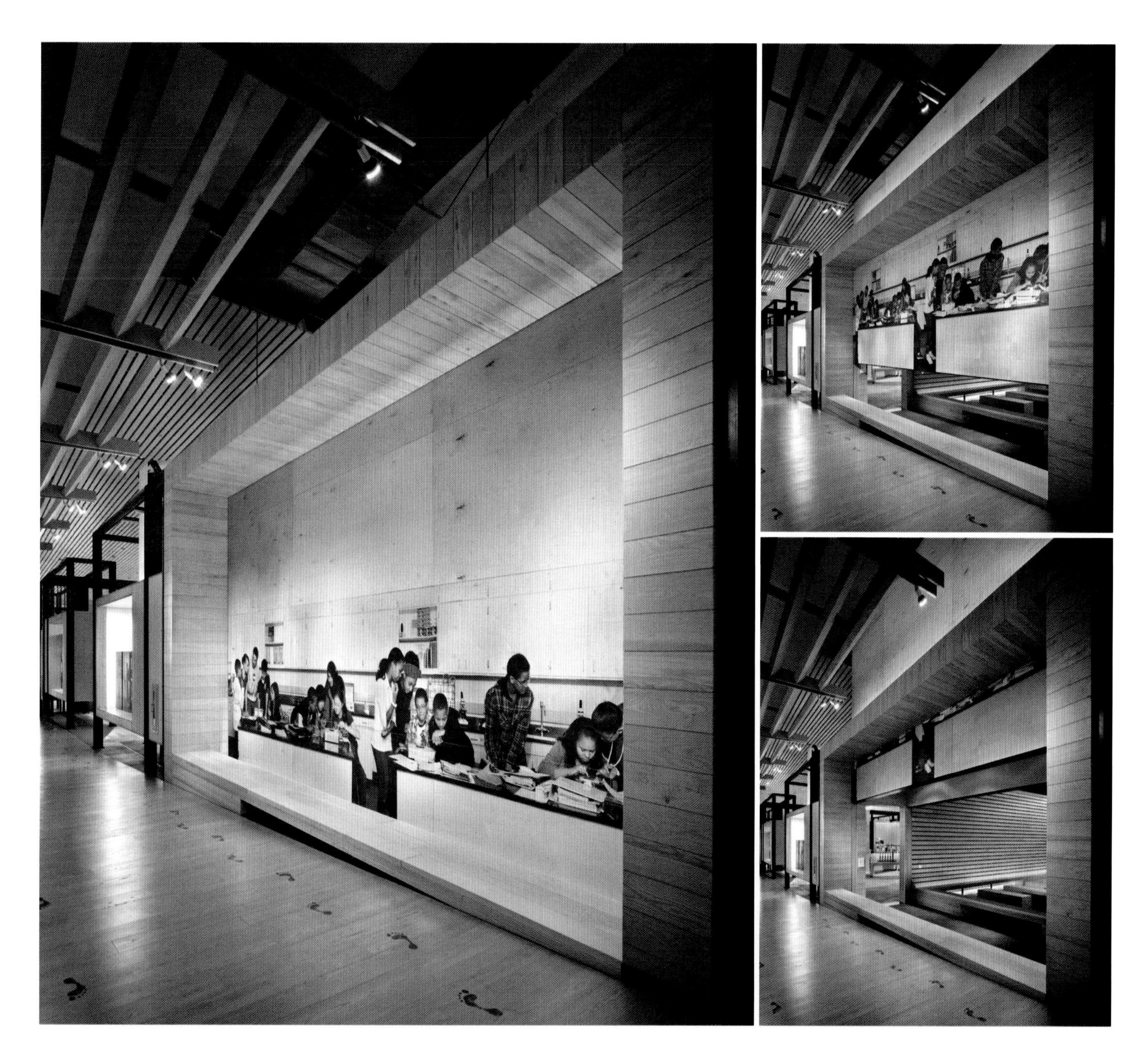

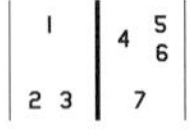

1 剧场

2-4 游客通过互动性装置，探索、分享自己对相关问题的想法与解决方案

5-6 互动时间轴

7 卫生间

YOUR FOUNDATION
“make people happy”
FOUNDATION
YOUR FOUNDATION

从长沙机床厂到万科紫台
VANKE ZITAI PROJECT

摄　　影 | 沈忠海
资料提供 | 设计共和

地　　点 | 湖南省长沙市天心区新开铺湘江大道与丽江路交汇处
设　　计 | “设计共和·家”软装设计团队
用地面积 | 11万m²
建筑面积 | 32万m²
竣工时间 | 2013年

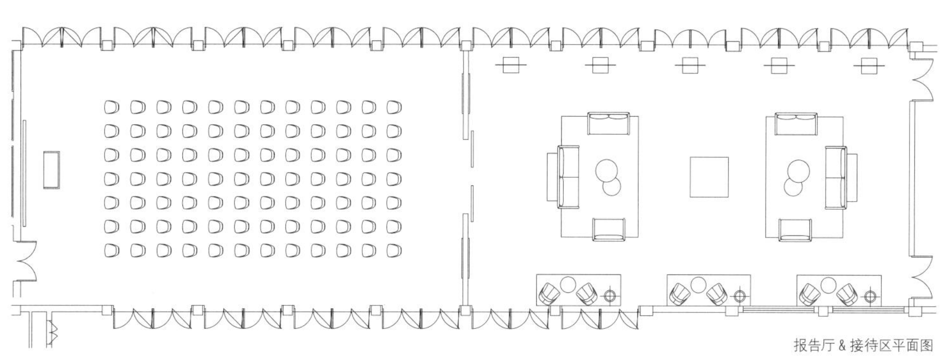

报告厅 & 接待区平面图

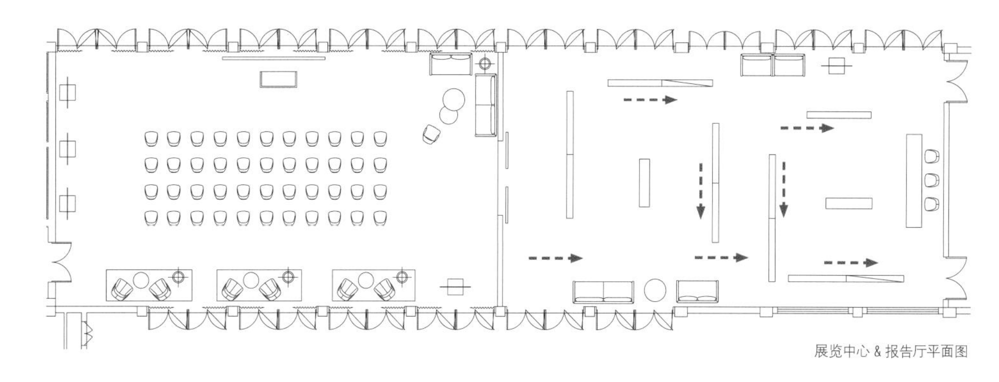

展览中心 & 报告厅平面图

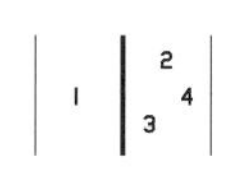

1 室内仍保留厂房结构
2-3 建筑外部
4 平面图

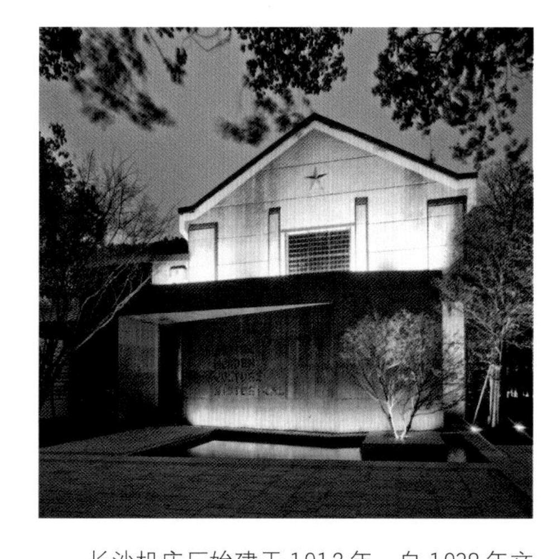

长沙机床厂始建于 1912 年，自 1938 年文夕大火后，它成了长沙市内现存为数不多的历史建筑之一，直至 2010 年全厂外迁至麓谷新区起，长沙机床厂在这里的时代使命才真正宣告结束。

2012 年，“设计共和・家”团队承接了该建筑的室内软装设计，从工业设计的角度延展，改造后的室内，诸多样品的细节都能不禁让人联想到工业设计和手工艺品制作的流程。虽然紫台项目的最初预想是作为置业人士的样板房使用，但是开发商希望未来的紫台能成为一所高档的餐厅。室内 3 个空间的设计呈现出紫台的创作理念，大厅是由暗色调和多种材质所构成的，其灵感来源于世纪之交的法国；模型水吧的空间则借鉴了艺术作品的样品；通透的玻璃房从内部一直延伸到户外，与周边景观相融合，内部的装饰也同样独具匠心。

“万科所做的工作，不只是建筑，而是为生活挑选最好的空间。不仅要对原来的自然环境进行保护，还要延存原有的文脉”，这是万科一贯遵循的原则。

值得一提的是，紫台原地保留了老厂房旧址内百棵百岁原生大树。社区的整体规划顺着原生坡地，洋房、高层，层层后退，构筑成“台”的独特形式，保证了居者观景、览江的最佳角度。建筑规划的同时，也为生活的成长预留出空间。紫台真正的主角，是树、建筑、老厂房遗物与居住者生活相融产生的“情感磁场”，人与历史彼此依存成为需要，这便是建筑感动人心的根由。通过以上概念与空间的呈现，紫台融合艺术、建筑、实用，成为长沙一处多元且充满活力的建筑。

万科紫台是建筑于历史的记忆之上，正以一种全新的生活方式，开启时代新的使命。END

1 2
3

1-3 大厅由暗色调和多种材质构成

1	4
2 3	5

1 加建的玻璃盒子提供了片亲近自然的区域

2-5 室内陈设从工业设计角度延展，许多样品的细节令人联想到工业设计和手工艺品制作的流程

曼荼园艺术机构
MANDALA GARDEN ART INSTITUTION

资料提供 | IADC涞澳设计有限公司

地　　点 | 上海佘山脚下
面　　积 | 5 000m²
设　　计 | IADC涞澳设计有限公司
主设计师 | 张成喆
材　　料 | 天然玉石、黑色大理石、米色砂岩、木地板、质感涂料等
竣工时间 | 2012年3月（图书馆）、2012年9月（展厅）

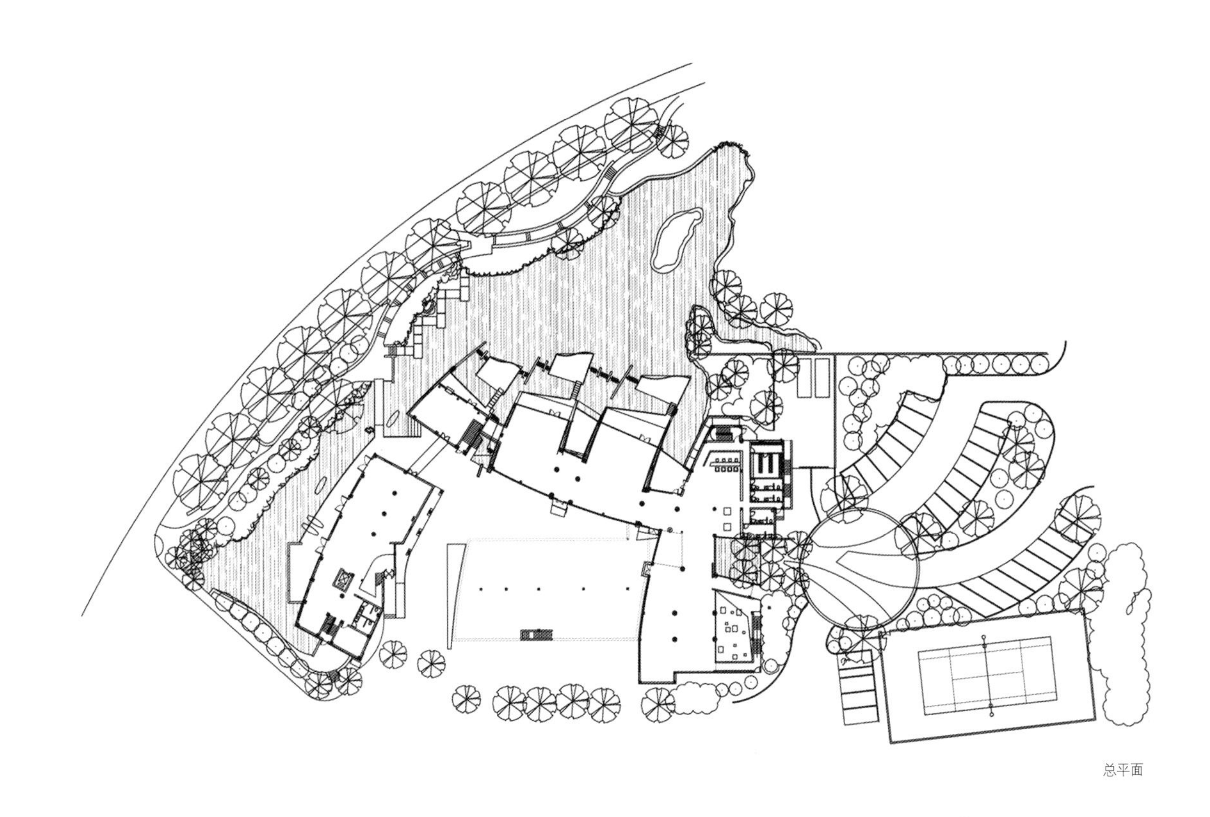

总平面

空间－理念－构思

概念缘起：

1.曼陀罗为祥瑞之花，考其渊源，与佛祖释迦牟尼“拈花”及其大弟子摩诃迦叶“微笑”的传法典故有关。《妙法莲华经，分别功德品》云：“佛说是诸菩萨摩诃得大法利时，与虚空中雨曼陀罗华（花）”。《阿弥陀经》亦曰：“昼夜六时，天雨曼陀罗华。”

2.曼陀罗的表现是“不停地转动”，曼陀罗可由内而外及由外而内运转。曼陀罗是将宇宙的本体（体），借着各式各样的活动（用），加以呈现而出（相）。

3.圆象征人的心灵追求圆满的需要，追求一个自由永恒的境界，追求统一、和谐与完美，是心灵中各种敌对力量趋于统一的象征，也是心灵的象征。

规划设计：

艺术机构由两幢建筑组成，呈“U”形围合形成户外景观中庭。原建筑方案设计的功能并非艺术展示。经多次研讨，以概念元素中自然生成的“圆弧线条”统一了建筑及景观的关系，形成了方案中的核心区域。利用弧线的高低变化形成了景观的围墙。同时建筑屋面利用弧线开凿方式引入自然光线及一道可开合的“玉石墙体”为展示空间的主界面。景观中的宁静水面及巨形雕塑与室内有着和谐的关系。

室内空间：

1.画廊及展示空间

一道玉石墙体可开合，并可重组空间形态，以配合不同使用功能，同时也是空间中的主要展示界面，与景观带的围墙遥相呼应。隐藏于顶棚中的30部投影机可同时将影像投于玉石墙体，形成虚幻的视觉效果，水流、花海、浮云……

2.图书馆

以“木”营造图书馆单纯而宁静的空间氛围。顶棚弧线光带延续了整体的设计构思，也是空间中独特的对光的运用方式。通长的书架区隔了不同的功能，以应对大量的书籍收藏需求。

3.会所

聚会及派对空间，设计中保留原建筑结构

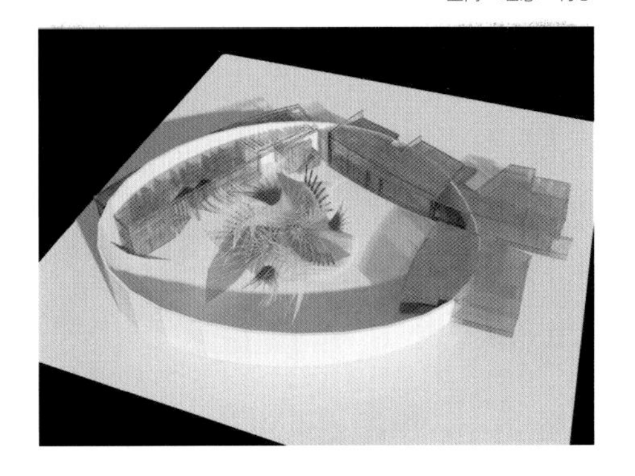

混凝土墙体。顶棚以颗粒状水晶构成了漫天花海的意象，呼应“曼陀罗花”主题，营造“漫天花海”下的派对之夜的梦幻氛围。

结语：

通过对光影、尺度等设计原素的重组，空间的转换试图使人在行走过程中有穿越时空的直观感受，与“曼陀罗”初期“形而上”的观念，有着微妙而深入的关联，“理想世界”和“真实世界”的关系是本艺术机构空间设计的一次跨领域探索。END

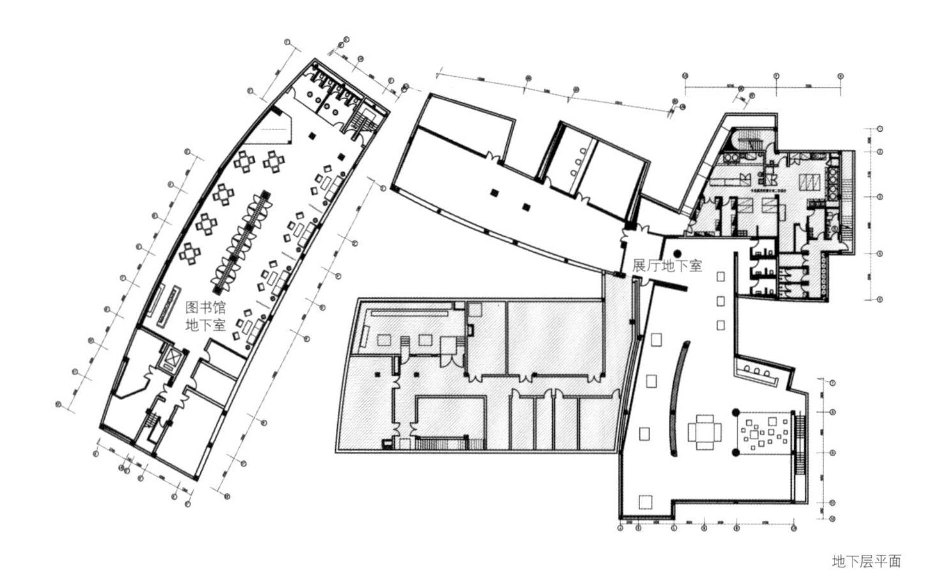

地下层平面

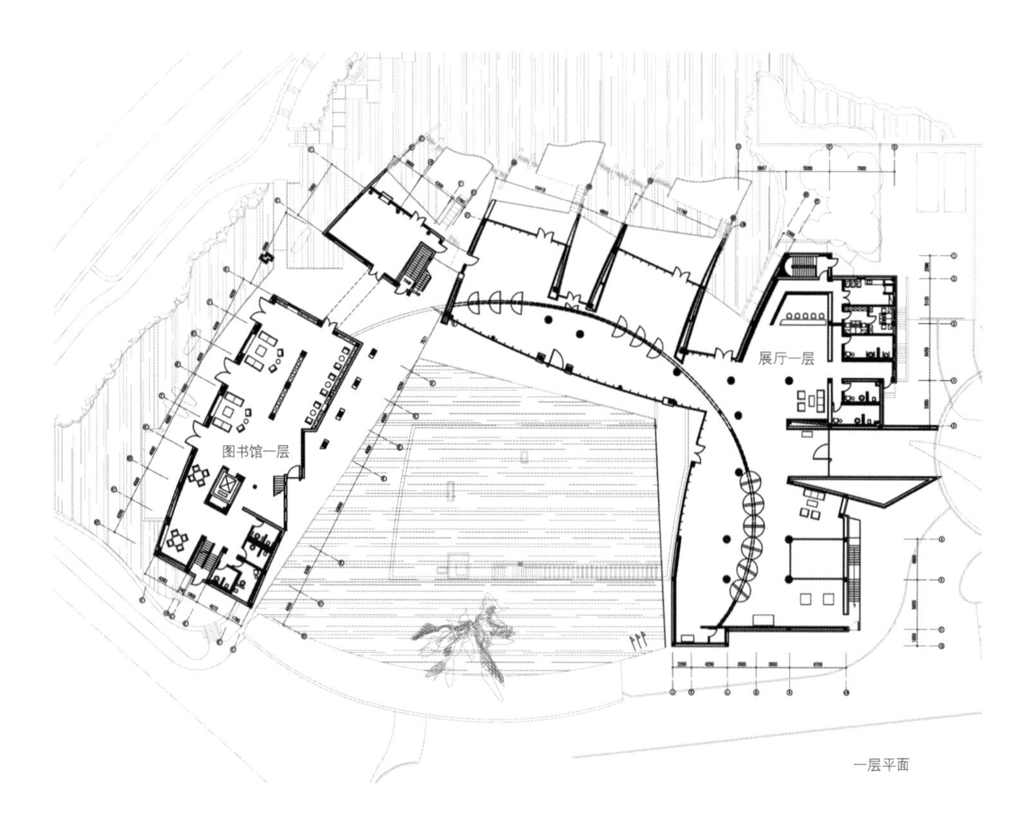

一层平面

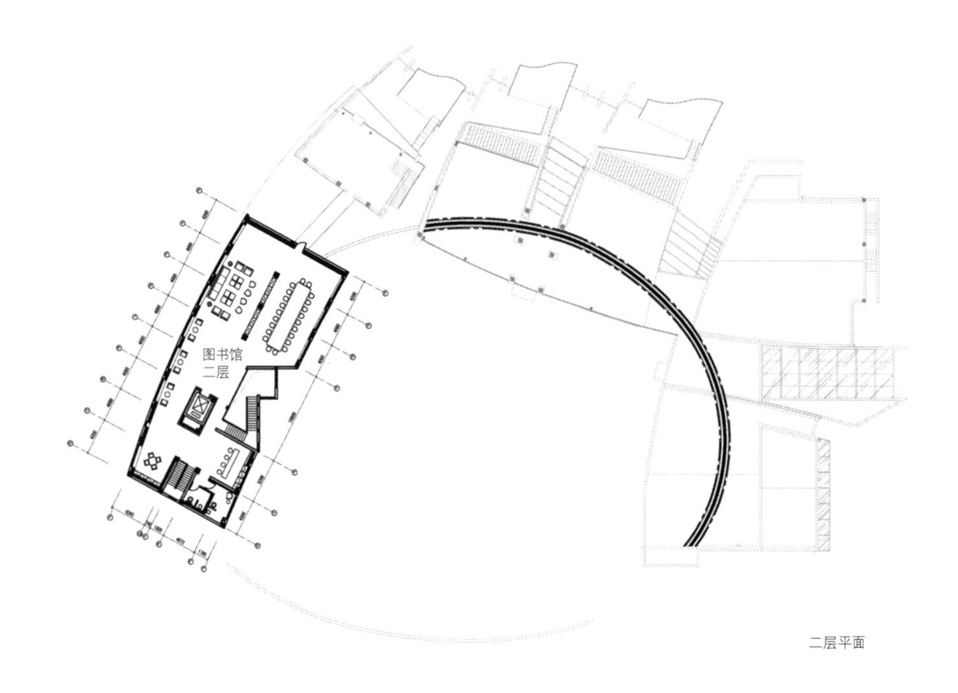

二层平面

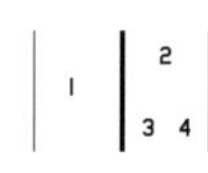

1 平面图
2-4 展厅

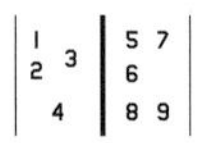

1-3 展厅
4-9 图书馆

北京郡王府（黔香阁）

QIAN RESTAURANT

资料提供 | 杨旭建筑设计工作室

地　　点 | 北京朝阳公园内
建筑面积 | 2 100m²
设计单位 | 杨旭建筑设计工作室
主设计师 | 杨旭、曾杰
设计时间 | 2011年8月
竣工时间 | 2012年4月

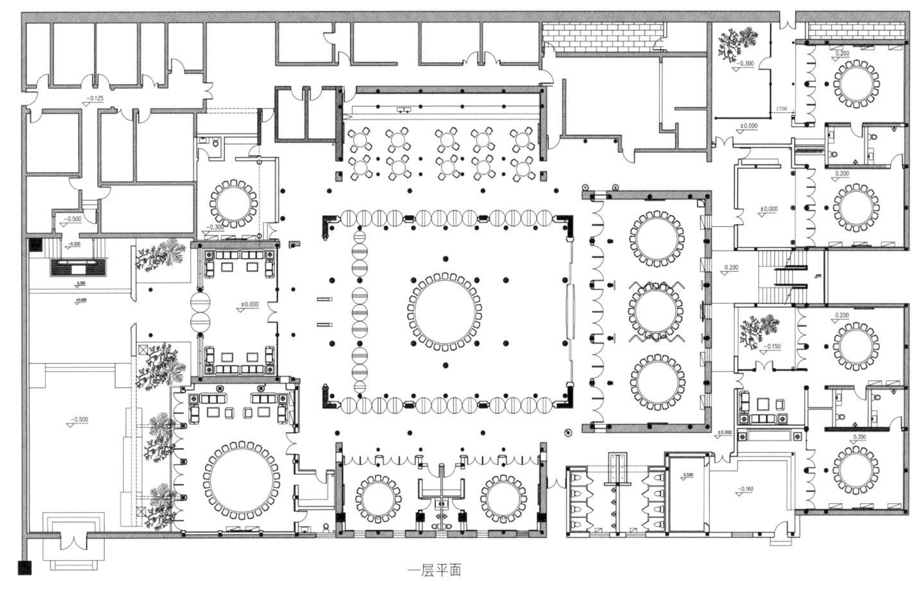

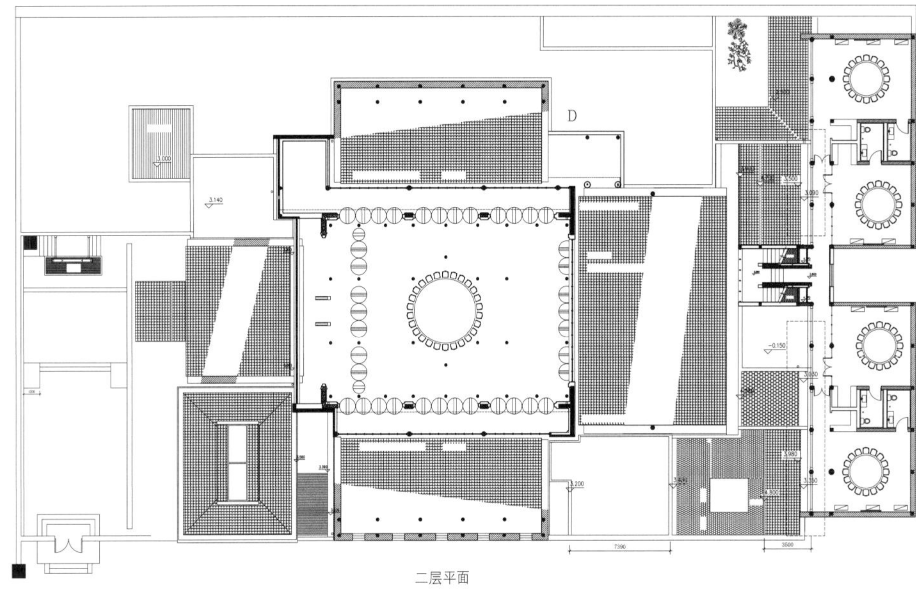

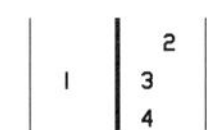

1 黔香阁的特色在于新旧融合
2 平面图
3-4 改造前

北京郡王府（黔香阁）可视作为一个时间与地域交叠错落的项目，其时间层层累叠肇于古建二次迁徙。早在1990年代，旧城区内清代王室庭院被整合于朝阳公园内，以四合院为单元，形成了若干建筑群落。建筑的主要构件大部分是原有的，其旨在修旧如旧的复原；1990年代初，在缺乏历史区域整体性保护的大环境下，这些四合院第一次离开了母体——旧城区，"乔迁"与之母体相悖的开阔地——朝阳公园，其"喜"的是原有建筑的主要构件被保护了，重构于异地，幸免于旧城区沉疴遍地而毁于一旦的拆除；其"忧"的是脱离了旧城区母体后，建筑虽是复原了，然丧失了场所精神的建筑亦不免于"孤魂"之嫌。无独有偶，在缺乏整体性保护共识的1990年代，古村落的民居建筑更是大片地被藏家保护，最终移植于城市的各种场所。本案居中位置的木构便是一栋浙西祠堂古建，它也是长乐集团李建中先生众多古建藏品之一。 自1990年代第一次的四合院移植后，其基本平面是典型的围合空间，中央的庭院约为19mx19m，其南北建筑前后各有一狭长的空间：前院和后院。在原有中庭园处，我们将一栋浙西古祠堂嵌入，使其包被于原有四合院建筑之中。

就原四合院空间结构而言，视木构的古祠堂为"新"，而四合院建筑为"旧"；所谓"新"有三意：其一，古祠堂的结构是独立于原有四合院的，即结构意思上的"新"与"旧"的分立；其二，古祠堂与原有四合院比，其在空间意义上是新的，"旧"的中央庭院容纳了一"新"的古祠堂；其三，地理意义上的"新"，北方的传统四合院包裹着一栋典型的南方穿斗木构，两者皆为古建，然其地域营造之功法迥异，又对峙于同一空间，一南一北，唱和一"新"。

时间与地域茕茕叠于斯，村落祠堂与王府庭院亦粥粥落于斯。两栋古建在不同的时间里二次迁移却汇于同一场所，其形骸乎？抑或其神魂乎？橘逾淮为枳，然其"枳"究为何物，不觉莞尔，时曰"混搭"。END

1 2	4
	5
3	6 7

1 顶棚灯光
2 过道
3 公共就餐区
4 剖面图
5 包厢
6 过道的景观窗
7 洗手间

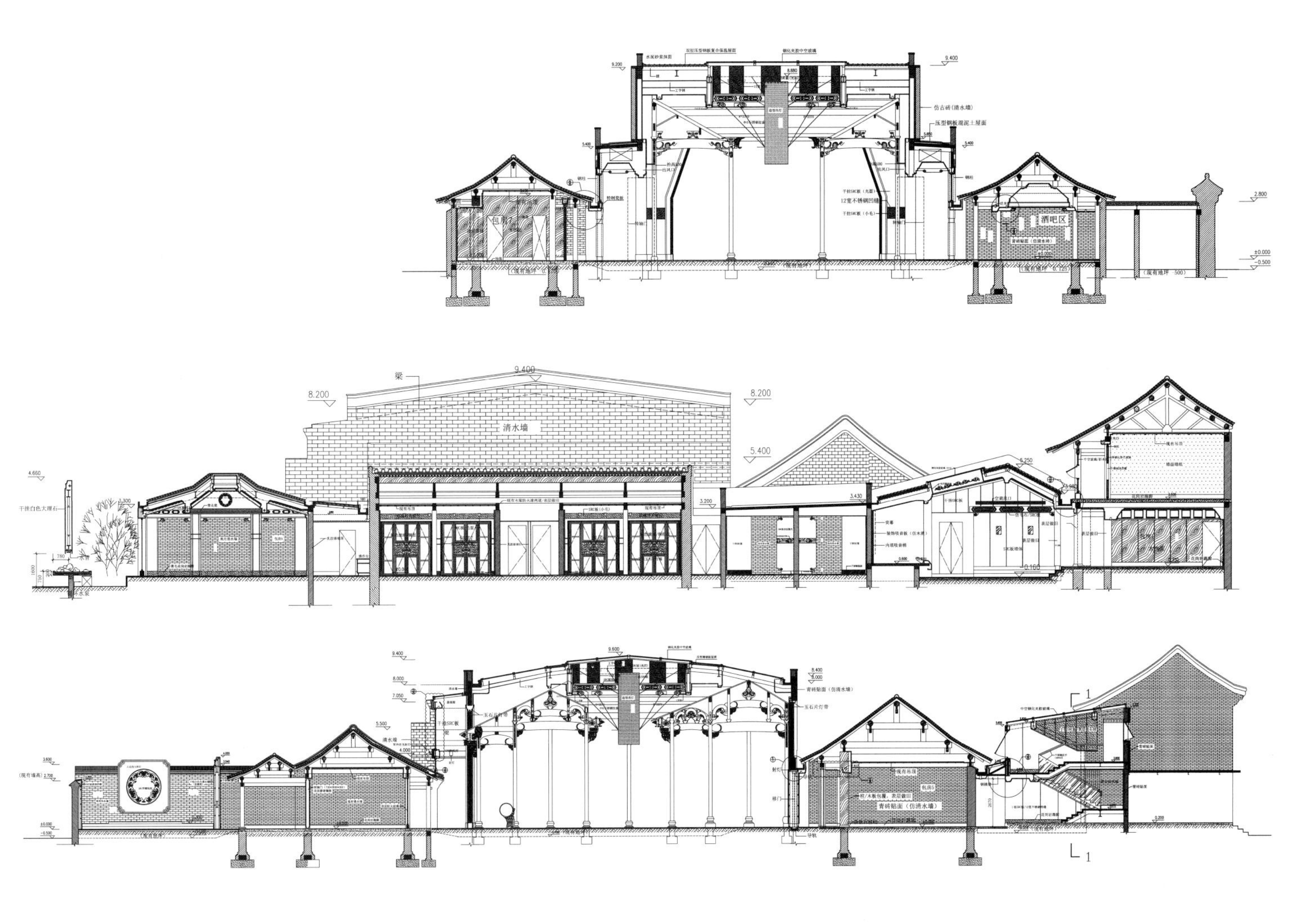
9.400
8.200
8.200
清水墙
5.400
3.200
酒吧区

male

竹瓷良缘：
“上下”与传统竹艺的邂逅

撰　文 | 银时

当现代人的心灵日益为浮躁、焦虑、躁动所侵蚀，从狂飙般追逐“现代”、“科技”、“工业”的浪潮中，越来越多的人开始缓步、驻足，回望曾被人们毫不犹豫舍弃的故园，那里有迷失的信念，远离的自然，消逝的手艺……建设永远比破坏艰难。因此，在完全不同于旧日的生活方式中，重拾手艺的舒缓、细腻、温暖的尝试便需要付出更多的心力与物力；而每一次的成功，更是弥足珍贵。国内许多设计师和机构日渐重视回归传统、重拾手艺的设计思路，“上下”基于竹丝扣瓷传统工艺的创新系列茶具即是其中惊喜之作。

器，融竹瓷

竹在中国人的物质与精神生活中，一直有着重要的地位。因其尚埋于土中之时便耿耿有节，成长过程中宁折不弯，攀至凌云亦保持虚心，“竹”的意象便成了深根不拔，直道而行，抱虚学道，砥砺坚贞的代名词。苏东坡曾云：“宁可食无肉，不可居无竹，无肉令人瘦，无竹令人俗。”道出了竹在古人心中的不可替代性。竹的价值也远不仅体现于文化，大到屋舍家具，小到冠履箪席，衣食住行，吃穿用度，随处可见竹的踪迹。然而，在世代奔马般的更替中，越来越多的竹器消失在人们的日常生活中，随之濒临失传的，还有各种各样精彩绝伦的传统竹艺。

四川的竹丝扣瓷（亦称瓷胎竹编）工艺，以景德镇名瓷作内胎，用细如发、薄如绸的竹丝依胎编织成型，紧扣瓷胎。编好的成品竹丝和瓷胎浑然一体，莹润的竹丝和新雪般的白瓷相映成趣。竹材取自成都平原盛产的慈竹。选竹有严格要求，专门择取生长2至3年、节距2尺左右，无划伤斑迹的壮竹。100斤原竹只能抽丝8两，其价值同银子相当。天方晓，取竹人已进山。因取竹需带水气，日头上来，竹子硬了，就失其柔韧了。苦竹宜做竹编，择其挺拔节长者，从根部下刀，顺着竹子的长势剔除枝桠，锯成竹段，背下山去。

继而是刮青。刮青要快，在竹子表面水分充足的时候，刮掉青色的胶质层。趁竹子嫩脆，再下刀依竹筒圆心，将竹子分成等宽的竹片。接着是分篾，取一块削平口子的竹片捏在左手心中，拇指和食指捏在离削口1cm处，右手握刀，刀口向内，竹片两边上部三分之一的地方平口进刀，横划一刀，一甩，竹子翻起波浪，脱落开来；一刀又一刀，篾层就这样被分开了。一到四层的光泽度最好，用来竹编的竹篾只取前4层甚至只取第一层。而竹篾仍需要用刀再刮，直至十几层后，竹篾薄如丝绢，厚度不到1mm，几近透明。

薄竹篾要悬挂起来在通风处吹干，干透后进行最后一道工序，分丝。顺着篾片，用自制的排针，按在篾片上，一抽即分出竹丝。一般来讲，1cm宽的篾片分出的竹丝根数称为丝数，丝数有2丝至48丝不等（0.15mm~0.5mm的竹丝）。竹丝分完以后，即可编织。

这是需要辛劳和技巧的手艺。“上下”将这门老手艺自时光的洪流中拉进现代都市，让川西的风土、翠竹的清莹、工艺的绝妙、手作的从容温润今人的茶桌。

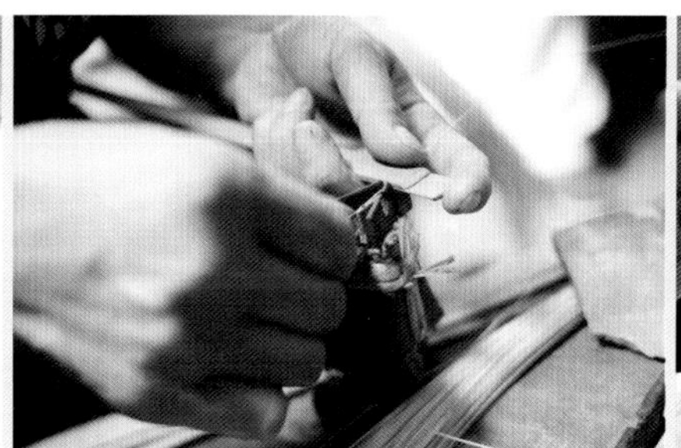

艺，承今古

传统的瓷胎竹编，都是一根经篾一根编篾，单根竹丝编织。竹编专家张老师发现用两根竹丝交叉行走，可以完全改变最后的编织效果。“两根竹丝交叉编织法，立体效果好。技艺完全变成了艺术。竹丝细到只有大约0.4mm，经纬更细。”当单根竹丝垂直行走时，所创造的只是平面的瓷胎竹编；当经篾增加至两根，编篾也加至两根时，编织的空间发生了改变，创造出不同的图谱。在竹丝行走的编织过程中，一层层攀缘经篾而上的编篾，在有意无意间，交织成了两种图案。这种创新的手法即被运用于“上下”的竹丝扣瓷系列茶具中。

“桥”系列茶具得名于源自古代传统器型的桥形钮。“桥”寓意“联系”，会佳客，饮佳茗，用佳器，远宾近朋得以欢聚，联系起亲友间的情谊。白瓷由1300℃以上高温焙炼而成，温润如玉；精心编织的竹丝覆盖到茶具表面，其中最大件的需耗时十多天才能完成。而“桥——三色竹丝扣瓷”则以深浅三色竹编，演绎竹子在时间中的天然变化——拔节初长的竹子有鲜莹的色泽，成竹后日渐蕴深，岁暮时则呈现苍润古意；而竹制的器物，其色泽和韵味，也会随着使用年岁不断改变。为了让色彩的过渡呈现浑然天成的效果，手工艺人在落手前须细心推敲织法始末，胸有成竹之后，才可做到心手相应。“龙韵——漆金竹丝扣瓷”的图纹灵感得自传统龙鳞纹，层层叠映，气宇轩昂。龙为华夏图腾，龙韵谐音“龙运”，有着平步青云的吉祥寓意。其系列由一壶四杯四碟及紫檀托盘构成，束颈茶壶与双耳茶杯取法传统双龙耳杯，将盘于杯侧的两条游龙，以现代设计手法，简化为跃然灵动的弧形线条。每一件“龙韵”茶器都呈现了工艺的精益求精，不到半毫米的细竹丝，被精心编织覆盖到高温白瓷表面，竹编之上更以最精湛的工艺，反复5层细心施以24K金粉，覆盖层层竹丝的每一处肌理，务求均匀细腻。龙鳞纹壶盖以手工雕胚，1380℃高温烧造，品相完美者珍罕难得。搭配黄金弦月型提壶手柄，意境湛远。整套“龙韵”竹丝扣瓷茶器制作需耗费上千工时。而在工艺与形态之外，竹编赋予“上下”竹丝扣瓷系列产品保温隔热防滑的功能，更令传统工艺跳出装饰藩篱，在当代社会生活中拥有更多用武之地。END

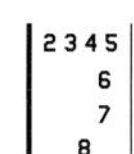

1 “桥”三色竹编及手绘竹编茶具
2-5 竹丝扣瓷工艺过程
6 “龙韵”漆金竹丝扣瓷茶具
7 “桥”竹丝扣瓷茶具
8 “桥”三色竹丝扣瓷茶具

范文兵

建筑学教师，建筑师，城市设计师

我对专业思考秉持如下观点：我自己在（专业）世界中感受到的“真实问题”，比（专业）学理潮流中的“新潮问题”更重要。也就是说，学理层面的自圆其说，假如在现实中无法触碰某个“真实问题”的话，那个潮流，在我的评价系统中就不太重要。当然，我可能会拿它做纯粹的智力体操，但的确很难有内在冲动去思考它。所以，专业思考和我的人生是密不可分的，专业存在的目的，是帮助我的人生体验到更多，思考专业，常常就是在思考人生。

美国场景记录：对话记录 I

撰　文 | 范文兵

1. 双向洗脑

和一位硕士生聊天。

他说自己特别佩服克林顿，我问为什么？

他回答：“克林顿很勇敢，2009年只身前往北韩营救记者。你想想，北韩是多么可怕的国家，搞不好，他会被北韩疯子杀掉的！”

我跟这个25岁的美国学生已是熟朋友，所以就直接回应道：“不管北韩在你们新闻媒体和政府嘴里多‘邪恶’，但它至少还算是个正常运作的国家吧。稍微理智些想一想，它似乎也不大可能杀掉一个来做公开访问的其他国家的前任领导人吧！”

我接着补充道：“其实，你回答前我就猜出了答案。所以我想，看来不光我们国家，你们国家的老百姓，也会被新闻宣传和政府引导给洗脑的。”

2. 摸石头过河？

深夜酒吧中，与一群数学研究生喝酒畅谈。

一名学生告诉我，美国各行业的数据基本都是公开的，以致都有过剩之嫌，但就缺乏足够多的人才做分析，这也是他学数学的主要原因之一。

我说，我们的情况恐怕正好相反。在中国，体制外人员，甚至包括体制内学术单位的专业研究者，也很难拿到有关数据，动不动就会被各种机构以各种名义藏着、掖着拒绝公开。如果说我们的社会还在正常运转，那么唯一说得通的逻辑就是，无需外部研究人员，体制内就有足够多的人才可以对各种数据进行分析以帮助领导层做决策，又或者，我们也许一直凭着感觉在河里摸着石头撞大运往前走。

3. 鸡是什么样子？

和一对常去沃尔玛（Wal-Mart）超市购物的中年夫妇吃饭，谈到了美国人餐桌上最常见的鸡肉。

我说：“在美国，我从来不吃鸡，包括现在中国超市里的鸡也不吃。因为小时吃的鸡都是散养长大的，现在若吃，也会尽量去找这种‘土鸡’来吃——它能熬出黄油油的汤汁，味道鲜美，肉质细腻有弹性。美国和中国超市里的鸡，都是在工厂里快速饲养出的，是加了很多激素催熟的，肉质粗、松，没有鲜味道。”

在我细致入微、津津有味地描述土鸡的味道、长相以及生存环境的过程中，这两位从小到大一直吃鸡，但从来没见过“鸡跑”的美国人，惊奇地睁大双眼，完全像在听我讲述一种他们从没见过的物种，不断插话道：“真的吗？鸡，难道原来是这样子长大的？味道原来是这样的呀？”

注：沃尔玛超市以价格低廉著称，常去此地的人群，在美国属于普通中产。中上阶层家庭则多会去“有机”（organic）食物比较多的超市购物，比如Wholefoods，与沃尔玛相比，同样物品（有机非转基因食品，或进口自欧洲的物品）大概会贵三分之一，甚至一倍。

4. 汉堡有什么好谈论的？

有一位在全世界旅行多国，见多识广的美国老人，非常认真地跟我探讨，哥伦布几家连锁汉堡店，哪家味道更好？

我问他：“这几家连锁汉堡店用的面包，是不是都是工厂生产而非店家手工秘方制作的？”

他说：“是的。”

我接着问：“蔬菜部分，是不是都是西红柿、洋葱、生菜这几种？而且也都可以在一般超市里买到，很可能是转基因而非有机（organic）蔬菜？”

他说：“是的。”

我又问：“肉类部分，是不是也都是牛肉饼之类的东西？加工方式也都是涂上些工厂生产的酱料，再用烤炉烤炙一番？”

他说：“是的。”

我再问：“是不是最后成品方式，都是切开面包，然后加肉、蔬菜，再加几种工厂生产的标准牌子的忌士？”

他说：“是的。”此时他已觉察出我一连串问题的用意，随即抬高声音说道：“但是，面包中加的酱料、调味菜各家很不同呀！”

我反问道：“酱料再不同，是不是也都是工厂生产而非店家独门制作。”

他说：“是的。”

我最后说：“那么，这还有什么好比较的呢？我在芝加哥还特意去吃了据说最好、最有美国特色的猪肉料汉堡，四十多美元一只，配菜选择和一般汉堡一样，土豆泥，炸薯条，再加番茄酱，除了觉得量大很撑外，没觉得有什么特殊味道。总而言之一句话，从我这样一个在农业社会靠天吃饭、小家庭作坊非标准化饮食环境中养成的中国人的舌尖敏感度来看，在工业化标准生产、转基因食品原料、机械加工模式精确化等条件下，这些连锁店的汉堡味道其实差不多，没什么好讨论的！您之所以会有明显不同的感觉，我以为应该和您的生活经历、记忆有关，与实物本身是否好吃关系不大。”

5. 自己安排自己的葬礼

在朋友举办的Party上，遇见一位年近六十岁的丧葬承办人（funeral director）。他身穿老式

华芝加哥40美金巨无霸汉堡

黑色西服套装，表情严谨，发型纹丝不乱。当他告诉我他的职业时，我一头雾水搞不明白。

在我印象中，一般一座中国城市里，只会有几家丧葬场所，而且都属于国家。中国人在死后，若是国家（单位）的人，会由国家（单位）按照级别安排你的后事方案，不同级别，有着不同的操办模式。很多亲属为了此事的高、低规格，会和国家（单位）讨价还价，因为，这意味着一般中国人非常看重的"国家（集体）对个人的盖棺论定"。而不属于国家（单位）的人（比如城市里的个体经营者，或者乡村里的农民），则会按照各地民间风俗，依惯例进行。

这位先生名叫道格拉斯，早先做过中学英文教师八年，告诉我，他非常喜欢自己现在的工作。

他说："在哥伦布这个只有二百多万人口的城市里，有五、六十家丧葬教堂（公司）。我的工作主要就是去和健在的人们一起讨论，如何安排他们自己的葬礼、墓葬状态。比如葬礼装饰、鲜花的选择，比如葬礼上谁来讲话、讲话的秩序，墓碑的设计等等。"

我好奇地问："您是同他（她）一个人讨论吗？这些人的年纪大概都多大呢？"

"大部分是一家老小一起来交流的，少部分是单独面对面谈。一般都是六十岁以上的人了，当然，也有三、四十岁的年轻人，但不多。"最后，他很慢地、一字一句地告诉我："美国人就是想自己安排自己的事情，包括死亡！"

6. 老人、死亡与小孩

我的室友，一年级数学研究生大卫八十多岁的祖母过世了。听到消息后，他马上一路开车，从俄亥俄赶回家乡弗罗里达一个小城参加葬礼。三天后一个明媚秋日的下午，大卫疲倦地开车返回到哥伦布住所，坐在起居室里，慢慢和我聊起葬礼以及祖母的故事。

祖母年轻时离婚，之后没有再婚，一个人带着两个儿子、一个女儿生活。孩子们长大离开她之后，自己独居近二十年，住在离大卫叔叔（大卫父亲的弟弟）家不远的街区，直到最近这一年，因生活不能自理，才搬到叔叔家里。

祖母儿孙三代人，大部分都从全美各地赶到弗罗里达叔叔家中参加葬礼。葬礼上，大家聊起了很多小时候祖母的趣事，唱起小时候祖母喜欢的歌曲，有眼泪，也有欢笑。

我说："中国的葬礼，无论在乡村还是城市，各地都有一些固定的程式。"大卫告诉我："葬礼在美国，全是由自己家庭来办的。每家的模式都不太一样，但一般来说，都会有追思环节，即每个人会回忆一些与逝者的故事与大家分享，基调往往是幽默的、逗趣的。"

我因为在美国一路走来，发现很多墓园，常常就会建在住宅社区旁边毫不避讳，于是问道："你们小时候是不是就会参加葬礼呢？"大卫回答："是的。小时候就对死亡以及死亡的过

位于居住社区旁，建于1806年的哥伦布联合墓地(Union Cemetery)

程很熟悉了。"我说："我们这里，尤其是城市里的小孩，平时生活中几乎完全看不到死亡。即使有长辈过世，父母也常常觉得会吓着小孩不吉利，不让参加葬礼。因此，真的等到这些小孩长大后自己的亲人故去时，他们完全没有任何心理与经验准备，会很长时间都难以平复。"

大卫告诉我，祖母在临去世前几天还打给他电话，问他功课怎样？问他做助教教学生开不开心？因为祖母知道，他的梦想是做一名教师，老人家想确认，他是否真的喜欢教书这件事。电话里聊了很久，直说到祖母累了，说不出话为止，那是他们最后一次通话。

我问："祖母小时候带过你吗？中国很多祖父母都会帮助自己的孩子带孙辈的。"大卫说："没有，这种情况在美国非常罕见，我也只是在节假日能见到祖母，但感情非常好。"说到此处，大卫的眼里闪动着泪花。

我有一个园艺师朋友，他的母亲也是离婚后一个人生活了十几年。所有兄弟姐妹都各自在外生活，到最后，母亲因病生活不能自理时，园艺师朋友辞职从费城回到哥伦布家中，照顾母亲近一年后送走了老人。

大部分普通美国老人家，都会选择自己独立生活，不肯跟孩子住在一起。生活不能自理后，也多选择去老人院。居家和孩子在一起，并在家中过世的，有，但不普遍。

7. 新钱和老钱

和一个曾在日本、韩国教过多年英语，出身名门的美国人考夫曼聊起，为什么韩国妇女几乎都喜欢美容（手术）？

他说："那是因为韩国原来穷，大家都差不多，现在富了，但都是新钱。'新钱'和'老钱'不同。新钱最大的特点就是'想要'，什么好的东西都想要。另外，韩国妇女结婚后，害怕丈夫有别的女朋友，同时还要和周围的亲戚、好友们攀比，所以，她们希望自己'看上去完美'。我有一个费城的老友，是很老很老的钱了，我就从来没见过他向别人炫耀什么东西。"

我说："中国和韩国几乎一模一样。我们的老钱在历史上都被消灭掉了。现在的富人，全是新钱，也是什么都'想要'，什么都想'炫耀'。"

然后，我们聊到了前两天一起去参观过的，此地一个占地十几公顷的私人庄园。

该庄园主曾在中国、日本住过多年。因此，在庄园里，除了北美特有的宽大草坪、成片树林外，还有古旧的日本茶室，小巧、精致的日式、中式园林景观，长寿鹤铜雕，满池荷花……

这个庄园每个月向公众开放四天。庄园主的居所也在里面，是一座3层House。现代式2层横线条白色房子，顶部，是庄园主以为的具有亚洲风格的红褐色贴瓦坡顶。

考夫曼告诉我，庄园主准备在过世后，将庄园捐献给州里供公众使用。

我说："这和中国古代一些故事有些相像。我记忆中，中国传统园林的主人也有类似习惯，会在某些天，将私家园林开放给老百姓来游玩。在汉末至南北朝时期，还曾出现过'舍宅为寺'的风气，即富商把自己的家宅捐为佛寺供公众使用。"

我接着问："他们为什么不留给后代呢？"

他耸耸肩说："一个是遗产税太高，另外，富人们也不想留给孩子太多钱，孩子有自己的事情要做。"

注：美国遗产税非常高，最高为50%（250万美元以上）。美国对遗产税的征收从客观上鼓励了富人对各种慈善事业和公益事业的投入，最终对贫富差异进行了调整与平衡。遗产税背后的法理及价值观依据，来自于基督教一些传统观念。END

收藏有大量私人捐赠的纽约大都会博物馆之加哥美术馆私人捐赠的博物馆

唐克扬

以自己的角度切入建筑设计和研究，他的“作品”从展览策划、博物馆空间设计直至建筑史和文学写作。

间离效果

撰　文 | 唐克扬

布莱希特是20世纪上半叶著名的德国戏剧家，他的贡献在于他提出了一种打破传统的表演理论——其代表是斯坦尼斯拉夫斯基的戏剧观念。这种理论的要点在于它要求表演不能过于“带入”角色，而需要保持一种批评的姿态，因此演员们应该假想自己处在一个玻璃匣子中，他们和观众可以彼此看见，但是保持着心理上的“距离”。观众也是这样，他们意识到剧场中发生的一切和现实并不完全一样，因此，不会发生公演《白毛女》时，贫农动辄冲上台去痛殴地主“黄世仁”那样的故事。

对我而言，布莱希特期待的这种“间离效果”(Verfremdungseffekt或者英语中的“distancing effect”)的“间”既是动词也是名词，同时是“间隔”的“间”和“房间”的“间”，它给出了一种既古老又摩登的建筑室内的模型。

对于室内设计而言，最重要的也是绕不过去的一个基础概念正是关于“房间”的。很多建筑师都沉迷于“一间房子”，这是最基本的也是最直观的“室内”。当人们想腻了“一间房子”的问题，他们也不得不面对“多间房子”的问题，毕竟，在大多数情况下，建筑是为多数人服务的，而建筑师却是一个人，那么他就不得不“以少驭多”，一个人站在多个用户的角度上，处理室内也存在的结构成分间的关系问题。当然，这种关系很难用某种定理来描述，因为建筑的关系也反映了不同时代和空间中人们千变万化的社会关系，但是“间”的要素大致会有这么两种：第一，它使得空间的内部出现了性质的分化，产生了不平等的态势，就好像一座剧院通常被划分为舞台和观众席，绝对均匀的“间”是不存在的；第二，不同“间”的界面的属性是很重要的，仿佛布莱希特所说的那样，视觉上的联系和物理上的阻隔把“间”的手段划分为两个方面，形象地说来至少四种组合：看得见和摸得着，看得见和摸不着，看不见和摸得着，看不见和摸不着。

——自然，真实的变化远比四种要复杂。即使在布莱希特所举的比喻之中，那堵玻璃墙也是可以有变数的，比如，它可能是一面透视而一面看不见——这正是《德克萨斯的巴黎》等电影中可以看到的香艳场景：招揽主顾的妓女并不知道玻璃反面的男人就是她的亲人。这种单面玻璃也是警察审讯犯人，生物学家观察动物习性的神奇工具，它使得透明－不透明的属性分布在同一界面的两侧，光是这种特殊的介质自身就创造出了空间中某种戏剧性的不均等，把同一空间划分为多样了。更不用说，“玻璃匣子”只是一种简化的比喻，因为在建筑学中“界面”未必是一个面，上述那种好玩的“间离效果”并不一定需要借助特殊的技术来达到，“不可度量”的神奇属性也不是非从“可以清晰度量”的建造手段发展而来的，比方说，只要一束迎面打来的光，就可以让一边目盲，一边却“洞若观火”了。

问题是，“间”以及划分“间”的“界面”是如何在空间中浮现和诞生的？很显然不同时代地域的建筑在此有着很大的区别。在中国建筑中，由垂直支撑体系的元素（柱网）定义的“开间”有时候并不等同于“房间”的“间”，因为室内空间依然是统一的；在另一边，从罗马人开始，大型建筑逐渐出现了“房厢”的问题，它并非事后的划分，而是建筑结构的肇始所亟需。混凝土＋砖＋石的组合缺乏透明性，它既是结构的一部分，又带来了清晰的几何形状的边界。这件事情的后果是颇有意味的，因为空间中的“个体”属性和划分大大加强了，连带着空间使用者的私人属性也跟着彰显，而中国木建筑单体中并不存在这样的层级，建筑内部即使有某种区分也是含混的。

就这样，似乎沿着这两种对立的空间区分手段铺就的大路，不同文化的营造传统一路狂奔，逐渐登峰造极。单座的中国传统建筑木构很难做到大跨度，在巨硕的罗马建筑中体现的个体和集体的关系，就要到整个城市尺度的建筑群组中去寻求了。人们在“大”和“小”的关系中，在室外找到了半私人半公共的环境，但是这已经不再是现代意义上的室内问题了，而是对于一般意义的“室内”概念的再次

发明——你也许可以说，那些古怪曲折的园林的出现正是与此有关？严整的室内分割所需要的变数在此显得扑朔迷离，从汉唐到明清，园林空间越发地细碎，对于那些“不可度量”的东西，它们可以说是“有间”，也可以说是无间。

来源于地中海沿岸的建筑体系则沿着“更大，更多”的方向前行，将基本的间隔语言不断升级换代。有意思的是，虽然形式语汇渐趋繁杂，“间”的清晰概念并不必定发生本质性的变化——但是当建筑尺度扩大到一定规模的时候，量变导致了质变，不管设计者是否依然有统驭的愿望，单一的“我”突然消失了，各“间”的边界也趋向于稀薄，从总体的经验而言，空间成了多义的迷宫。道理倒也简单，这样的建筑整体也许可理解为单一“室内”的倍增，当乘数愈发大的时候，分割本身的物理属性倒可以忽略不计了。

这方面让我印象最深的实例，大概是位于科尔多瓦的大清真寺了。建筑内部密密麻麻柱网构成的“间”数目多得惊人，和历史上存在过的各种百柱大厅不知道是不是同源——设计者的意图也许并不是刻意创造出那么多“区分”，在那时的技术条件下，如此巨硕的建筑顶棚显然无法仅仅用几根柱子支撑，这座清真寺在摩尔人的统治极盛时建造，在天主教时间则被改造成了一座教堂，但是看上去，无论摩尔人或天主教徒都没法真的充分使用它。柱子虽然粗壮，但通过不停地，频繁地重复，它们着实创造出了一种无边无际的印象，使得在其中局部发生的事件和整体的空间比起来都相形见拙。我们看到的不是被无数“障碍物”所遮蔽的整体，而是在移步换形中无穷无尽地涌现出来的空间，似乎比一望无际的现代体育场还要广大。

终生在“不可度量”的空间感受和“可以清晰度量”的建构手法间徘徊的路易斯·康，也许是敏感地意识到了“间隔”对于建筑的这种意义。当代建筑师对于“间隔”的表述不再是下意识的或是单纯受制于技术情境了，它成了一种主动的诉求。

在康之前，另一位现代主义的巨匠密斯·凡·德·罗，一直致力于取消隔断的物理属性，以图达到空间的匀质和连续，他的巴塞罗那博览会德国馆中没有实体意义的“墙”，而只有一系列半开半合的“屏风”，它们的存在与其说是分割了完整的空间，不如说是加强了空间自身有机衔接的态势。密斯

特别喜欢使用玻璃这样的材料，因为它们可以使人感受到物理区间的存在，自身却又是几乎没有厚度的；对于工字钢这样的结构构件，他时常将它们推到边缘，好不干扰整体大块的建筑内部，在建筑边缘它们占有的“单位元”因此并没有空间的含义，只是证明了结构外在于人的感受的属性，用密斯自己的话来说，“恍如无物”。

对于康而言，“间隔”却是某种宛如神赐的恩物。从他前后期创作手法的巨大改变看来，他对“间隔”的这种感受似乎是受到了中年在罗马学院时经历的影响——这段经历中一个关键的建构物是卡拉卡拉浴场，康后来的特灵顿浴室几乎可以看成是向这幢著名建筑空间的致礼。公元后的若干位罗马皇帝修建的公共浴室中天然体现了各种功能的间隔，除了更衣室和公共区域的分离，还有“温室”（tepidarium）和“热池”（caldarium）的区别，这些间隔除了显而易见的功能分工，加上不同装饰风格的观感，还有宏大建筑内部所呈现的某种 a-b-a 的心理变奏，像是社会生活的缩影。康尺度小得多的浴室建筑也是如此，一个人脱卸身上厚厚的社会性和物理性包裹，最终一丝不挂地站到温暖的淋浴水流下，这一过程绝不是一蹴而就，而是由内外之间“空心柱”的过渡层次，结合不同用途的间隔，如诗如画地呈现和展开的，一个人经过四面无窗的密室的等待，复又汇入到建筑正中的露天庭院，然后再次投入到另一间密室，或是去往更为开敞的空间。象罗马人的浴室一样，这其间有冷热的转换和明暗的变化，私密和公共的衔接，比罗马浴室更昭彰的是面积严格相等的各部分里体现出来的建筑师的用心——在这里蕴涵的社会仪式不是一首活泼的，节奏强烈的奏鸣曲，而是庄严，缓慢，无始无终的钟鼓。

以这样的方式，康统一了布莱希特“间离效果”中“间”的两种涵义：“间隔”的“间”和“房间”的“间”，类似“空心柱”那样的构造方式既造就了包容的体积又带来了分离的实体，它反映了建筑师关于空间的哲学思考：同时照顾着个别和整体。在此意义上康显得不再那么“罗马”了，在浴场中原有的那些建筑细节：雪花石膏，彩色大理石，柱廊和壁龛各种精美的塑像（它们反映着罗马人令人眼花缭乱的社会组织）……对他而言无关紧要。一个充满比例，构图和意义指示的浮华室内貌似带来清晰的秩序，但是它却缺乏更强烈长久的空间感受，康看中的是罗马浴场经过时间淘洗后“废墟”中剥落以上虚饰的状态，在其中很多构件的残片已不再象原来那样各就各位，而是呈现出某种互文性——某间房屋的后墙现在也可能是另一间屋子的前厅的部分，人们既不容易知道它们的用途，也就判断不出它们在原构中的等级和差异了，它们就像浴场地板上常见的黑白格图案，当呈现出忽前忽后的图－底关系时，也在缄默中形成迷幻不定的心理效果。

对于“室内”而言这种不确定性意味着什么呢？这种诉求应该不仅仅是一种“困守于内”的权宜之计，它终究是从简单里带来了复杂，在有限里创造了无限。毫不奇怪，康也把这样的哲学带到了室外，金贝尔美术馆一系列“开间”的末端，是类似于科尔多瓦大清真寺桔树庭院的一片冬青树林，它们是另一个亦虚亦实的“开间”，它既象征着建筑空间对其永恒品质的坚守，也意味着它最终向自然的开敞。END

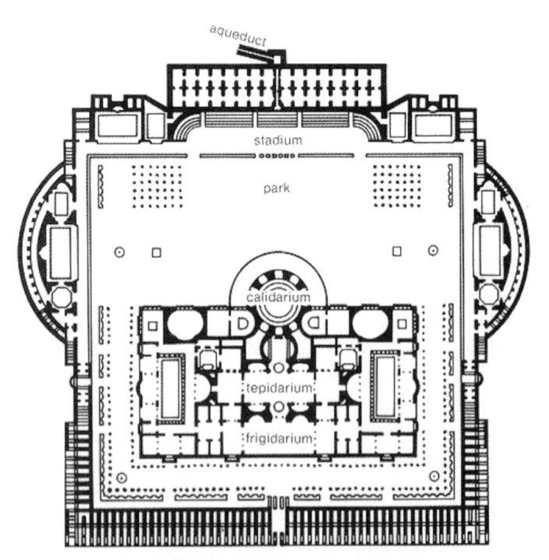

上海人，双子座。

喜欢思考，读书，写作，艺术，命理，美食，美女。

热力学第二定律的信奉者，用互文性眼界观察世界者，传统文化的拥趸者。

是个知行合一的建筑师，教授级高工，博士。

座右铭：君子不器。

上海闻见录·上海自行车漫游之繁华背后

撰　文 | 俞挺

自行车曾经充满上海的大街小巷。这个曾主宰着上海街道的王者，如今则被挤在主要街道附近的支路上。这些支路仿佛是与繁华上海的大血脉相联系的小血管，原本寂静不可闻，现在则开始喧闹起来，这种喧闹不同于繁华的喧闹，是一种质朴直接的欢快。

起点

我建议的起点是静安雕塑公园，将来崭新的上海市自然博物馆就在里面。这次竞赛对我特别重要，因为在观看了马清运的设计后，我意识到自己已经深陷在形式主义游戏的泥沼里了。不过最后赢得竞赛的却是英国的威尔金森。

那就从大田路北京路出发吧，往南到凤阳路，大田路上有个嘉发大厦，是商住两用的高层，1999 年开始，许多雄心勃勃的建筑设计公司和策划公司从这里走向市场，其中包括我师兄的 CPC。对面是泛太设计的上海壹街区，小区前是目前最火的泰国餐馆——泰廊，饭食一般，前身是个浴场。

凤阳路往东一直到牛庄路，是一条夹在南京路和北京路之间的草根道路，有趣但不是小清新的自行车漫游线路。所以在大田路转而往西。新建的大楼似密实疏，那条繁华的南京路总是在南面若隐若现。

凤阳路在奉贤路就要转而向北再向西了，我会在这里停停，去凤阳路尽头的那家开了十几年的马可波罗面包房，有夫人和我的记忆。

奉贤路

奉贤路是条曲折丰富的小路。弧线向北再向西。与石门二路的交界处是家凯司令西饼屋，他家的栗子蛋糕很不错。西饼屋所在的大楼是历史保护建筑。过了马路是振鼎鸡，提供白斩鸡和鸡汤面以及鸡粥。这段奉贤路的北侧有着质量极高的红砖洋房，南面则是一家连着一家的廉价餐饮。池上便当的第一家便是在此起步，现在居然还在。

奉贤路泰兴路口是个繁忙的非机动车交汇处，泰兴路往南有家名为 JIA 的精品酒店。楼上是非常不错的意大利餐厅 ISSIMO。过了泰兴路不久，街道立面出现了明显的整修美化痕迹。这里有着不少精致的服饰小店。

奉贤路南汇路口，往北有家非常好的 pizza 店 bella napoli，原本店在西康路。他家是上海唯一用明火炭炉烤制 pizza 的传统拿波里餐厅。路口是著名的素食店——枣子树，一般。路口东南小楼的顶楼是常开不败的豆捞坊。南汇路南段有家白云照相馆，主人是个收集旧报纸的爱好者。而热风，就是从这里经营户外运动用品起家的。

过了南汇路，奉贤路就在曾经的上海商业地标梅陇镇伊势丹的背面。另一侧是美琪大戏院，moderne 风格，范文照大师设计。周立波移师这里，创造了海派清口的奇迹。现在不提也罢。

过了江宁路，就是中信泰富广场的背面。中信泰富由巴马丹拿设计，这是发迹于上海的事务所，整个外滩几乎都为其设计。路口是鸭王烤鸭店。而排长队的是旁边的绿杨村，他家的鲜肉馒头和菜包子是上海最好的。转过中信泰富就是骏豪国际的北面。奉贤路在这里又折了一下，不知名的艺术工作者创造了街头布景雕塑——朱丽叶的阳台。缘由？唔关我事。

朱丽叶的阳台旁边是历史保护建筑西摩别墅。奉贤路陕西路口是宋家花园，蒋介石宋美龄的中式婚礼所在地，宋家倪老太太的居处。花园北面是可容纳 2 000 人的基督教堂怀恩堂。

南阳路

过了陕西路，奉贤路就是南阳路了。南阳路的第一段，就在宏伟的恒隆广场背后，恒隆广场是美国著名建筑事务所 KPF 的作品。他家基本接管了南京西路西头的超级写字楼的设计，其中包括新建的嘉里中心和会德丰大楼。恒隆宏伟的尺度和南阳路北侧还保持租界居住区宜人尺度的老房子形成鲜明反差。在这段骑行，你的注意力会

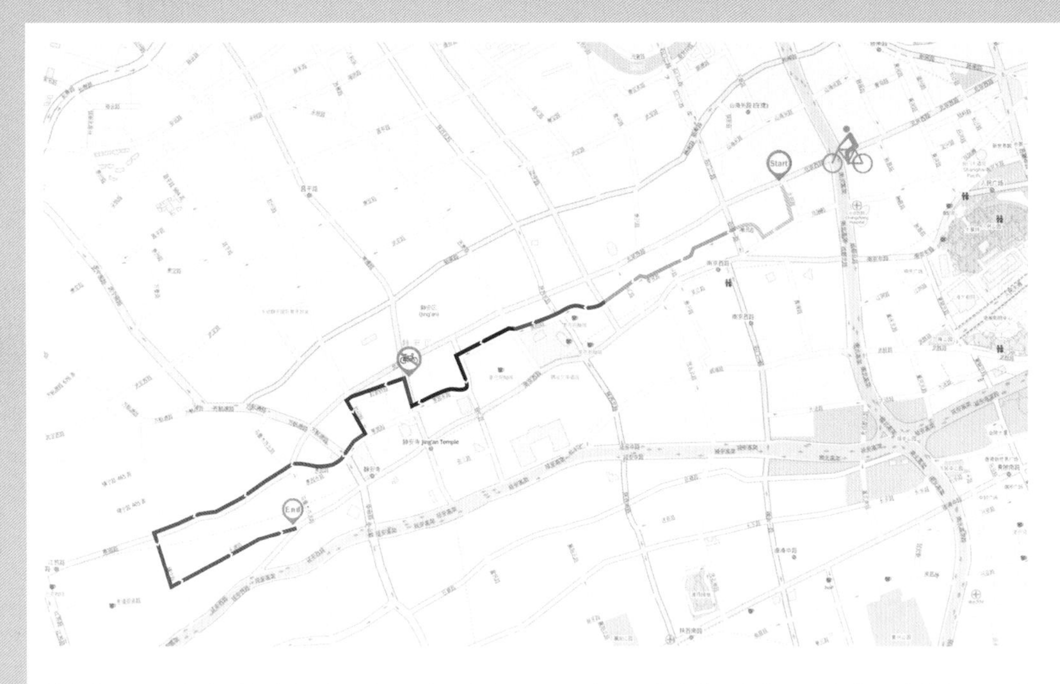

被视线所及的行道树和小店所吸引，没有可能去仰望那个高高的塔楼，以至于你都不会意识到骑行在恒隆背后。

恒隆有着一大堆装腔作势的奢侈品店和饥渴且富裕的购买者。裙房顶楼是餐饮区，却乏善可陈。除了桃花源小厨勉强一试，一家米其林一星的港店上海分店，以蛇羹和黄油蟹出名，但不如本店太多。

南阳路北侧则生机勃勃了许多。南阳实验幼儿园生动活泼的彩色立面较之空洞的恒隆北侧裙房的立面更符合街道的地气。幼儿园边上有些小店，其中有开了好几年的定制皮鞋店。有的发展成定制皮具。南阳路西康路口，则是我喜欢的粢饭团小店，老板娘一口一个“弟弟”，召唤甚是亲切，东西也好吃，常常要排队，完全无视斜对面的喜百年永和豆浆。

南阳路被西康路分成两段延长线平行的街道。南阳路以西康路为界，气质突变，立马欢腾起来。南阳路自西康路到铜仁路一段是条24小时的街道。住户，商户，外国人，本地人各得其所。比如外国人所处的曼哈顿酒吧，本地人贸然入内，恍惚间以为走错了国家。

这一段南阳路有些服饰店和餐饮，都乏善可陈。倒是利用静安体育馆改建成的一个餐饮体育休闲综合体却是值得研究的案例。其中琳怡中餐厅算是乏善可陈中的一丝微光。

体育馆边上的宝隆居家旅店是宝隆连锁中最有眼光和品位的旅店。精致地嵌在篮球场和南阳路之间。闹中取静，价格也不贵。

南阳路170号，大师贝聿铭的住宅，现在是一家名为贝轩大公馆的精品酒店。他家第一家精品酒店是开在新乐路襄阳路上的首席公馆。一楼是名为新荣记的粤菜馆，是商务宴请的去处。贝氏旧居在建筑上已经呈现出中西结合的痕迹。布局是西式的，但中式的园林小品，细部包括花纹已经自然而然地融入到舶来品样式的别墅中去了。

南阳路183弄是上海最早的外销房之一的南阳小区，著名的三级艳星陈宝莲在此纵身一跃香消玉殒。

183弄边上有条小路通向上海商城的地下室。上海商城，地产商兼著名建筑师波特曼的上海首个作品。其从中国园林所领悟的空间布局并结合他自创的共享空间加上一些似是而非的中国传统建筑细部的提炼和转化构成的上海商城，照我的看法，依然是个值得研究的杰作。这里的店铺大多已经置换了好几轮，当年上海的hard rock酒吧和托尼玛丽肋排都曾设点于此。新元素的首家店也是在这里走上规模化经营的道路。我最喜欢的是东侧的帕兰朵意大利餐厅，十几年过去了，依然是上海五佳意大利餐厅之一。

铜仁路

南阳路的终点正对的是铜仁路的SPOT餐厅酒吧，是晚上人气极旺的去处。它的隔壁是铜仁路室内菜场，两者在一起，毫无违和感。铜仁路在上海夜生活的版图曾经非常重要。我们在这里转而南向，将最著名的吴同文宅甩在背后。

吴同文宅，又名绿房子，moderne风格，和modern风格一个字母的差别，让许多人搞混。它出自邬达克之手。2001年，它的底楼曾经是著名的粤菜馆艳阳天，可惜不在了，他家的虎皮海蜇顿成绝响。2001年，上海的清华毕业的建筑系校友们在此搞了次空前绝后的聚会。郑可、邱江、凡丁、高瀛东日后将他们各自创建的建筑设计公司发展成业内知名的企业，其中凡丁师兄惜乎英年早逝，令人扼腕。我在这里遇到转行做甲方的汪先刚，从而有了设计水清木华会所的机会，这成为我职业转型的契机。我们各自表达自己的野心和能力，大家没有注意那个逢人便解释自己的宁波外滩城市设计理念的小个子，但目前而论，他的成就最大，他叫马清运。

Spot南面的一条小巷，内藏着的是潘石屹的东海soho大楼，底层有普利兹克奖获得者扎哈事务所设计的展示厅。孙俪最新的电视剧也是在这里选景的。

然后会经过史量才故居，史量才，《申报》的总经理，名言"人有人格，报有报格，国有国格，三格不存，人将非人，报将非报，国将不国！"。后在火车上被国民党特务暗杀。他的《申报》被称为在远东能和《泰晤士时报》等量齐观的现代化媒体。

然后会经过 Malone's 酒吧。这间在 1990 年代中期上海夜生活最著名的三大酒吧（其他是宝来纳和欧玛莉，后者现在歇业了）之一，打的是美国风格旗帜，当年我刚从北京回沪，朋友带我这个"巴子"（乡巴佬）进入其间，仿佛是刘姥姥进了大观园，完全目不暇接，那些欢快的豪饮，音乐和美女们。现在想来都有些恍惚。但现在的 Malone's 还开着，或许已经换了老板，很平静，普通。

Malone's 对面是九安广场，当年因公出国都要在这里办理手续。之后在愚园东路转而向西。愚园东路是条幽静勤快的小马路，没有什么商业，适合专心致志地骑行。当然中欣大厦的西侧小弄或许会分下心，那是一条狭窄的美食街，有些日式和西式的简餐。中欣大厦是台湾建筑师李祖原的作品。庞大的灰色建筑沉默地顶着一个僵硬绽开的莲花。

愚园路

愚园东路很短，跨过常德路便是愚园路。路口是瑞士酒店，里面的牛排馆还可以。其余平平。南面是著名的常德公寓，张爱玲故居。张爱玲曾言可以在这里看见百乐门，现在是此起彼伏的大型建筑，看不到了。公寓一层有家瑞士酒店的面包房和一个以书为主题的咖啡吧，设计一般，但因为张爱玲，很文艺。

我不建议沿着愚园路直接继续下去，除了有地下党领导人刘长胜故居，此外基本是大型建筑的背面，曾经和襄阳路并称的小商品市场静安小亭已经变成公交枢纽了。所以我建议下车推行，沿着静安公交枢纽前宽阔的人行道走几步到赵家桥路。然后上车，再在极其幽静的小路上轻快地骑行。你自由自在，偶尔会被模仿船造型的托儿所吸引一下目光，转而到了胶州路，南下回到愚园路，正对的是久光的后门。

久光，上海最热闹的购物中心，几乎没有最顶级的奢侈品店，却改变不了她的高人气。我的观察是久光的地下室是上海每平米盈利最高的地下室，永远人声鼎沸。但自开以来一直坚持阵地的就是龙记和山崎面包。

胶州路的乐趣在北京路以北。这一小段只是溜溜车而已。在愚园路右转向西，拐角是汉堡王，一个号称和麦当劳其名，但在中国总是举步维艰的快餐连锁店。愚园支路这段是旺地。托静安寺之福。是的，这些人气餐饮店固然品质平平，但在上海三大寺的静安寺的镀金屋顶的光辉照耀下，总是客满为患。

静安寺，上海的密宗道场，新寺庙是我师兄黄秋平设计的。屋顶和塔真的用黄金镀成，黄金的光辉总将黄昏的天色染成赤金。让对面环球大厦的土豪金显得粗俗不堪。静安寺的素斋月饼很有名，北面的裙房是家素菜馆，还成。

华山路过愚园路往北就叫万航渡路了。愚园路跨过华山路便是旧上海夜生活的地标百乐门大厦，2002 年，我和卜冰老师在这里招待过一个海外回国探亲的同学。那是个奇怪的舞厅，严肃业余的舞者穿着整齐但搭配有些本地化的礼服认真地在昏暗的舞池里跳着国标，仿佛是那个华丽时代的一丝蜃景。

愚园路过华山路后往北形成一个优雅弧线。在国际丽都城的沿街商业，有蒲蒲兰的绘本馆和名为肉店的肉店。端头是第九百货，里面四层借在新华书店有家不错的创新西餐——香源。

在北京路，愚园路和乌鲁木齐路的交叉口，有家老式的消防站。原本我希望这作为自行车漫游之路的终点，后来，想想，这愚园路的一小段其实还有些东西。所以就继续吧。

下一步继续往西，愚园路不宽，本身是河道填成，原本是公共租界的高级住区。过了江苏路成为华界的高级住区。不过两者之间的江苏路，旧日里是三不管地区，颇为凶险。愚园路两边的梧桐树已经很粗壮。这段愚园路最重要的建筑是市西中学。外立面用卵石铺设，很有特色。中学南面的涌泉坊是上海最早的新式里弄，形成了大开间的格局，在细部上则出现了中西混杂的特点。涌泉坊许多闲散晒太阳的老人，都有着波迭起伏的人生。即使看到一个衣着朴素，但收拾得极干净的老人，准时下午三点在家里用英式茶具喝茶也不要奇怪。

快到镇宁路时，有家小吃店要试一下，便是富春小笼。小笼馒头（半发面），馄饨以及三丁包可以一试，但单档和双档就算了。焖肉不错，面一般。他家对面的西区老大房的鲜肉月饼可谓上海之最。

尾声

到了镇宁路，就转而向南。愚园路还会延伸到定西路。但在文脉上，因为市政建设，江苏路被拓宽，仿佛切刀断开了愚园路。而镇宁路到江苏路的这段愚园路也被拓宽，气质全变。所以转而向南是合乎情理的。西段愚园路属于另外一种漫游体系了。

镇宁路这段拥挤狭窄，高峰期间还有些惊险。这为小清新的骑行增加了一些趣味。我们会经过渔光邨，仿佛得名自电影《渔光曲》。

骑行到了镇宁路东诸安浜路路口，是我记忆的闪回。往西的夜色中，曾经，是我和夫人漫步的街道，冬季充满烤羊肉串的香味。一家口味平平的意大利餐厅大马可奇迹般地在这里崛起。

我会选择向东，在协和广场二期还没有正式对外开放的时候，沿着种着栾树的永源路飞快地骑行，一口气到达永源路、南京路交口，旧称美丽园。多好的名字，多好的结束。

不，多走几步，到乌鲁木齐口的三阳盛，中秋节有特别的荠菜月饼供应，这样就妥了。END

三亚：那有我们的向往

撰　文 | Bella
资料提供 | 三亚文华东方酒店

比起海水，这里更吸引我的是空气，海近在咫尺，鼻子里却丝毫嗅不到海腥味，空气中好似暗含着一个个饱满的输氧泵，让人头脑明净，身心服帖。在海边发呆，看海水在阳光下泛着湛蓝色，这份慵懒闲散的魔力就能轻易地俘虏我的心。

对我这种喜欢将酒店作为目的地的人，三亚文华东方酒店在某种意义上完全符合我一贯的旅行方式。对我来说，这里更像东南亚的隐世之地，少了喧嚣，多了份宁静。

海南风格的现代设计

三亚文华东方酒店并没有聚集在像“酒店博物馆”那样的繁华之所——亚龙湾，而是位于一块尚未开发的处女地——珊瑚湾。酒店依偎着 1.2km 国家保护级的私家珊瑚海滩，依据所处地势，划分成海、天、山三个阶梯区域，所有的一切都掩映在景观园林大师 Bill Bensley 打造的热带花园中，而每一位入住的客人都可以享受“绮丽迷人的景观客房”。

作为享誉全球的园林设计大师，Bensley 的作品遍布泰国、毛里求斯和夏威夷等金牌度假目的地。在三亚文华东方项目中，Bensley 的设计很好地运用了不同地域的特色和文化，将海南的特色发挥得淋漓尽致。他运用了大量的木材、石材与水帘去营造静谧的氛围，所有的低层建筑都掩映在郁郁葱葱的热带露天花园之中，与周围的自然环境相得益彰。不过，三亚文华东方酒店却并不是一味的复古与传统，设计师参考东京索尼大楼打孔混凝土的风格的墙柱、东南亚风格的 infinity pool，更是体现了其揉捏众家风格的娴熟。

酒店的室内设计沿袭了文华东方酒店一贯的“理想居所”之理念，由曾经设计文华东方酒店东京分号的 LTW 公司操刀，设计师沿袭了东南亚 FUSHION 风情及新潮的极简风格，在简约中融入海南本土多元的文化元素。柔和的色彩灵感来自于海南当地村落的传统服装，通过红色和蓝紫色突显出周围环绕的青山和湛蓝清澈、深邃幽远的海水；宽敞的客房全部使用极具海南当地特色的、由椰子和竹子制成的亚麻织物作装饰；而装饰房间墙体的艺术品的设计灵感则来自于三亚当地的文化，米色和蜜色相间的地砖更给房间增添了几分温馨与奢华。简约线条勾勒出现代风格的家具，给传统的中国建筑增添了些许现代气息。

修身养性的
中国文化之旅

许多中国文化讲究的都是“隐”字，而度假酒店强调的则是“遗世独立”，所以，中国文化与度假酒店的结合更是件不谋而合的事。隐于山海之间的三亚文华东方酒店自然也不例外，除了强调低调奢华、贴心的服务外，为客人提供一些修身养性的中国文化项目则是酒店打出的一幅好牌。

酒店的水疗亦是主推中国文化，其特色就是传统的中医理疗。在这个 3 200m^2 的水疗谷里，所感受的不是一次简单的按摩，而是一次修身养性的旅程。风景优美的水疗谷提供泰式按摩、瑞典热精油按摩和古菲律宾人按摩等多种选择。资深中医首先会为你做一个 Q&A 的求诊过程，然后结合客人的症状提供针压法、针刺法、针灸、拔火罐等各种理疗。对于那些选择 4~6 小时长时间套餐的客人，水疗谷还专门开发了相对应的营养食疗。主厨告诉我，通常吃过牛肉或者羊肉会导致体温大幅上升，不适合继续做 Spa，他提供的素菜色拉和海鲈鱼汤则能很好地保持体温，起到食疗的作用。

当你在香气氤氲的水疗谷里见到少林功夫大师时，一定会有点意外。这位浓眉大眼的少林功夫大师站在门侧，一袭素衣、一串佛珠微微弯腰颔首，向我施了个合十礼。这位师傅俗名为冯振虎，酒店的人都尊称他为“虎师傅”，据说，他教授的太极意识和医学气功课程在此颇受客人的欢迎。称呼他为“虎师傅”，却并不是因为年长而德高望重，1981 年出生的他 7 岁起就随同其叔父释德宇（少林寺三十一代大师）习武。释德宇是中国少林武术及散打界的权威人士，而“虎师傅”则从小接受了博大精深的少林功夫训练，包括少林拳、散打以及少林传统的刀枪剑棍等多种武术训练。他同时也得到叔父真传，在气功、医学气功、气功按摩以及坐禅方面都有傲人的成绩。“虎师傅”除了带领热爱中国武术的客人领略少林武术、太极和气功的奥妙之外，还时常陪同对中国茶文化有兴趣的客人一起品茗闲聊一些人生话题，边品边聊自古鲜为外人所知的少林禅茶，他同时也可以用英语与宾客交流。 此外，酒店也有由资深的瑜伽导师主持的瑜伽课程。

Tips:

Spa+ 食疗

建议选择 3~6 小时的 Spa 疗程，水疗谷的环境相当清幽，独栋式按摩房又很好地保持了私密性。整个过程从技师用绿茶做一个免费的足浴开始，中间还可以配合大厨烹饪特殊食物，色拉和海鲈鱼汤确实相当美味。

海角轩海鲜餐厅

三亚文华东方最为特色的餐厅就是海角轩了，这个全露天海景餐厅只在晚间开放。所以，在这里，前菜必须是从观赏夕阳开始。

"新菜单将继续为宾客提供当季最为特色的海鲜佳肴"，三亚文华东方酒店行政总厨 Stuart Newbigging 先生说道，"我们将精选当地的绿色有机食材，烹制出独具海南韵味的精致美食，并再次奠基海角轩为亚洲最佳餐厅。"

新菜单不仅汲取了地道的澳大利亚的烹饪精髓，还增添了些许法式和日式的别样韵味。源自南中国海的手剥海南岩石螃蟹和油浸马鲛鱼，是海鲜爱好者不容错过的精彩。油浸脆皮乳猪，充分体现了厨师长对经典和时尚的独到见解，搭配苹果泥和苹果酱汁，将乳猪的香味完美地勾勒。熟樱桃则是别样诠释了厨师长对海南特色文化的理解与结合，樱桃雪芭和椰子啫喱的创意搭配令人惊喜。

倚洋中餐厅

倚洋（粤菜餐厅）位于酒店底层，具有浓郁的皇城气息，提供地道的粤菜。主厨梁宝林师傅连续两年环岛寻找海南最新鲜有机食材和当地最具特色的优质产品，足迹遍布岛上的市集和绿色农场。在新菜单中，他将精选探索之旅中发现的优质食材，结合独特的烹饪手法，创造出独具海南韵味的特色佳肴。为了确保三亚文华东方酒店在绝佳时机，为宾客提供当季最新鲜的美食，梁师傅特别与当地的居民和渔夫探讨各种材料的时节和独特性。

以生长于山林之间的野山鸡为主原料的山柳叶焖野山鸡，口感鲜嫩细滑，搭配当地的独特香料山柳叶，完美勾勒鸡肉的香味。蒜蓉粉丝蒸小象拔蚌，黄秋葵炒野中生虾，别样诠释了梁师傅对当地特色文化的独到见解。还有，黄灯笼辣椒和乐蟹，凉拌人参菜苗配甜面酱等，极富创意的搭配，别具海南风情的绝味佳肴，为你开启一场独一无二的味蕾旅行。

Mo Blues 蓝调吧

蓝调爵士酒吧提供世界级珍藏纯麦威士忌，这里更是酒店的葡萄酒吧及雪茄吧的所在地。

客房

酒店根据所处区域分为海、天、山三个区域，其中“天”区域是15幢上下两层的别墅，位于角落处的别墅最为特别。除了标配室外淋浴、磨砂手工浴缸、58寸松下LCD和音响外，最让人惊喜的无疑是那一直伸向海边的无边泳池。泳池的石壁用鹅卵石一块块手工嵌成，尽头处有一个木制的露台离海浪咫尺之遥，无论是用来晒太阳、吃大餐或者练瑜伽，都是理想之地。当然如果你不想承担别墅的高价，又希望享受私密的游泳时光，泳池观海阁房型再合适不过，全酒店有10个这样的房间私享独立的海景泳池。

携儿童同游

在中国，能为同行的小朋友也能提供周到服务的豪华酒店屈指可数，而三亚文华东方酒店是其中做得非常好的。除了提供必备的婴儿床、高端儿童餐椅外，酒店还会赠送给儿童挖沙玩具、儿童洗漱用品，还有专门的儿童俱乐部可以托管小朋友。每年暑假和寒假期间更有精彩刺激的儿童活动营。

三亚文华东方酒店

地址：海南省三亚市榆海路12号

电话：0898-88209999

网站：http://www.mandarinoriental.com.cn/sanya/ END

大师和趋势

撰　　文 | 雷加倍
对谈时间 | 2013年11月12日

雷 今见尹荣所发“2014色彩趋势”的链接，心中诧异，冷灰、暖灰加银光亮色的属基本色彩美学范畴，周期又回来了？最近在设计中一直试着应用，或许是对色彩搭配厌倦了，再回到材质即色彩的建筑美学……

倍 哪里发布的色彩趋势？

雷 全球色彩权威机构Pantone，这个结论是调查了纽约时装周和众多设计师后，揭晓的2014年色彩趋势。

倍 反正没调查到我，不是我的趋势……

雷 我内心也不支持所谓“趋势”的发布，流行、跟风、趋同，可能就是这些导致的结果。“风格”或许更宽泛些，文学、绘画、电影、艺术等是否真有趋势存在？设计师有时的确能影响甚至引领大众审美，但“街上流行红裙子”的日子大概永不会回来了，试图把控话语权的精英式思维也在互联网的背景下显得孤掌难鸣。

倍 呵呵，建筑设计中也有趋势，不过权威发布单位可能是效果图公司，比如说穿孔铝板是一种趋势，立面错动开窗是一种趋势，所谓参数化设计造就的哈迪德式也是一种趋势……

雷 前几天我做了一个梦，梦见自己到了一个有50间客房的设计酒店一间间客房地验看，开始的20间每一间都不一样，都是记忆中印象十分深刻的房间，或是威尼斯酒店的套房，或是古堡酒店，或是三亩田改造前的上下铺……然后打开接下来的30间，几乎全都是一样的！似曾相识的所谓中国大地上“国际知名品牌”的酒店客房，这种骇客帝国般的复制场景，让我一阵冷汗，从温热乡中惊醒。

这些熟悉的标准客房是我变了你？还是你又变了我？你中有我？我中有你？或都是自网上剽窃来的标准图，只能是做得越多错得越多。

倍 你这梦中的30间客房景象倒是现今中国的酒店设计趋势……

雷 是的，前20间是“国际范”，后30间是“国内范”。所谓国际化就是奥运会而决非全运会。如果国际杂志在中国落地成为中国人版，而非转译过的中文版；如果国人或大陆人划定个租界，自己划划拳、玩玩骰子、跑跑马，那就索然寡味；奖项也如此，自己玩总少了些快感，我们真的如此弱不禁风？

倍 唉，在所难免，就像优酷和人人网，中国人版的YouTube和Facebook，也是关起门自娱自乐。这样的环境下，哪里有真正的趋势，有的只是跟涌；哪里有真正的大师，有的只是权威。

倍 封闭的环境容易造神。很多年前，觉得亚洲离我们很远，香港离我们很远，台湾离我们很远，而如今都在飞机两个小时的半径内，打开了，透明了，反而少了抄袭和追捧。

倍 记得你前段时间主持亚洲设计管理高峰论坛，论坛题目是“谁在领跑亚洲设计的未来”，你的开场语是：“今天我们是否可以借着亚洲的角度，去回顾及展望一下我们站立土地的设计未来，因为我们是参与者、劳作者及受益者，有幸邀请著名设计师……，展开一场有深度、有广度的尖端的对话……”我给你的留言是“谁需要谁领跑”，呵呵，既然要打开，这种题目就太充满阶级感。

雷 论坛是真聚会假论道，呵呵，趋势很好。

倍 大师今时意义何在？

雷 大师的意义是现在大家无观点，连骂骂的对象都没有，发现大师如发现伪气功一样有意义。

倍 我内心倒是对这两字充满敬意，所谓大师，是把自己的人生过得十分纯粹的人，因为他的天分之纯粹、努力之纯粹，故尔有勇气独树一帜，振聋发聩。

雷 记得小时候临摹过一本书《向大师学素描》，见大师众多，风格各异，心生敬仰，后来读美院，日常就可见陆俨少、沙孟海等老先生，便也没觉得长得三头六臂。神化大师或平民化大师或许是如今看事物的两极。

前几天见初中同学季大纯的油画，记得我还懵懂时候，他已是志得满满的小大师了，30年过去了，可能画卖得不错，但“大师”或许是更远的事。

倍 呵呵，很多人确实是具足大师相，但不知正果几何。要看如何定义。

雷 哈哈，说大师是因为有很多人被叫成大师久了，也忘了自己曾经做过小姐了。

倍 苍井空被叫做老师也有道理，大师自然也不必问出身的。

雷 “小姐与大师”有时说词不一样，但包容及涵盖面是前瞻的，或许真有几个存在。所以别人叫你大师与师傅同等，叫你小姐与姐同等，不用着急不用心虚，听了、受了，耳朵是连通的。昨晚又读到梁启超先生卖字，八个银元每个，那时代定是高过齐白石的，百年以后呢？呵呵，设计师的工作是现世报，或许是真正的既得利益者。

倍 你的心目中谁是大师？

雷 好象我真从不崇拜谁，如我无信仰。本科口试时被问“你喜欢什么建筑？”我答“南京音乐台”，是因为前一晚刚去玩过，满足了少年的猎奇之心，那时怎知杨廷宝。

倍 你对大师两个字心里有肯定吗？如果有学生毕恭毕敬叫你大师，你会不会内心有庄严感？

雷 与以前别人叫我主编一样，我也先往后看，更多觉得是调侃。前段时间我应浙江工业大学设计系之邀给学生们做讲座。我本就喜欢和年轻设计师接触或与爱好设计的后生交往。我们改变不了中国的设计教育，但或许可以以自己数年实践及成长的感受给他们以帮助，帮助他们树立初始的设计观，帮助他们建构不至于粗俗的设计美学，能做一些做一些，能传播一些就一些，在老去之前不讲背时的话。

倍 其实我个人觉得你会成为有希望的大师。

雷 ……

倍 大师首先要有独立感，其次又要有对设计传播的“责任心”。 才情、风格、独立感、责任心，缺一不可。大师并不一定要是完人，亦非一定成为专业领袖，更不必争得话语权，但具备了以上四点，有格调深高的才情，有异乎寻常的成熟风格，有遗世独立的能力，有启迪后辈或传播正见的热忱，就是大师，当然，机构评不出来。

雷 我在微信中记录了当下的状况：天气晴好，所有感觉清晰明确，以自己行为方式处理堆积的事宜；或许够幸运，见墨分五色，越沉底颜色越深，看不清分不明，释放可牵绊的，解了、脱了，依靠浮力，色由浓变淡，不是海水，不刺眼，五年、十年、二十年，鼓足气摆动腿，浮到水面透口新鲜空气，用腮呼吸的哺乳动物。这是40岁后的青涩感。

倍 所以你还要工作20年，看来你是真的沉醉设计。

雷 因为我觉得我到了花火绽放时刻，下雨太可惜了。

倍 很喜欢你记录当下状态的这段文字，因为“不容易的此时此地此刻”，当回归自我感受的时候，没有趋势和大师。END

邀你共进“晚餐”
第二届“毕业生”设计邀请展

撰　文｜Vicco Wu
摄　影｜蔡云普等

语云“民以食为天”，饮食向来是中华儿女的一件大事儿。对这一重要的生活元素，近年来设计界也极其关注，好在还是少数尚未被过度设计的领域。第二届“毕业生”设计邀请展，就为我们准备了这样一场设计的盛宴，邀大家共进“晚餐”。

本届“毕业生”设计邀请展，邀请了15名国内知名设计院校毕业生与5位本地年轻创意人，各自在“The Dinner 晚餐”的命题下，以“工作坊”的形式，因地制宜地现场创作与饮食器件、饮食习惯、饮食文化相关的作品。

不论我们身处何地，吃什么、怎么吃都是餐桌上连接起人们畅所欲言的主体。此次，来自设计组织“后院”（Backyard）的4名策展人（朱旻麒、孙晨竹、李君、马箐）在上海八号桥创意园区二期策划的这场主题为“晚餐”（the Dinner）的展览，试图通过设计带领大家近距离观看和思考饮食，也希望向公众集中展示中国新一代年轻设计师对于设计的探索。策展人朱旻麒表示，“‘食物设计’是目前设计界发展势头渐劲的领域，此次展览也是国内首批关注‘食物设计’的展览之一，具有相当的前瞻性”。

值得一提的是，“工作坊”正是此次展览区别于一般展览的主要特色之一。在预设规则的前提下，由受邀设计师自由发挥想像，在有限的时间内实现作品的设计、制作、陈列与表述。设计从头脑里的想法到现场最终呈现，不过短短一周时间，最大程度保持了设计的“新鲜度”，并让设计师们得以抛开以往创作的固有思路，用更自由、更开放的心态进行创作。“工作坊”既是对这批年轻设计师现场应变能力的极大挑战，也是对他们设计与文化素养的巨大考验。

对于作品本身，策展人并没有在材料、形式或功能上加以限制，只在作品尺寸上做出了规定，由设计师们以一张餐桌为单位进行设计。这样，在保持每位参展设计师独立创作的前提下，将作品与作品最终组合串联起来时，现场就出现了一张总长约35m的晚餐长桌。策展人希望这张超长餐桌能为观众带来对“吃”这件事的全新思考。

年轻设计师一直是国内设计界的新鲜血液，近几年国内也涌现了一批已经被大众熟知的设计师。这批中国设计的生力军在想法和创造力方面完全不比国外设计师差，但是由于国内设计产业的不成熟，为很多刚毕业的年轻设计师继续从事设计工作带来了很大阻力。大环境的变化还需时日，但这并不影响这些年轻人迸发创意，他们有的是想法和精力，唯一缺的就是让他们展示自己的舞台。2012年，首届“毕业生”设计展在上海举办，汇聚了全国6大设计、美术院校的40余件设计作品。在受到专业人士、公众和媒体的大量关注后，今年，“后院”（Backyard）又策划了此次“毕业生”设计展邀请展，其目的就是希望能为设计师和生产商之间搭建一座桥梁，让更多年轻创意为人们所关注，探索年轻创意在中国这片土地上未来的各种可能性。END

2013Maison&Objet

2013年秋冬 巴黎家居博览会

撰　　文 | 蔓蔓
资料提供 | Maison&Objet

Maison&Objet 为首次亮相的参展商招揽人气；为观众推出相关智能手机应用软件、提供个性化观展路线咨询服务；对市场做出快速反应，推出 COOK+DESIGN 这样的全新板块；设立专门场馆推介新锐设计师；举办论坛讲座促成跨界合作……Maison&Objet 试图成为一个不仅仅是卖展位的会展企业，而他们确实做到了。

1 2 | 3 4 5 6

1-2 诸如餐厅之类的公共设施都设计感十足
3 部分展区进行了重新的划分
4-6 日本灯光设计师带来的全新灯光装置“光之初”

2013秋冬巴黎家居装饰博览会（以下简称Maison&Objet）于9月6日至10日在位于巴黎北郊的维勒蓬特展览园擂鼓开演。设计师们在这一年两季的展会时涌向法国将传统与现代反复排列组合，培养自己的鉴赏力，而来自世界各地的商家也为展会提供了许多新鲜而有趣的创意。

每届主办方都会针对大会主题，邀请三位策展人，各自规划出不同的展览概念内容，探讨下一年度的国际家居趋势，此次大会延续了春季“活力”（Vivant）的主题，以“能量”（energies）为主题，策展人强调，希望通过设计释放出我们的能量，展现出积极、正向的设计能量，强化不同的美学风格，呈现家居设计多元化的体验。此次由“能量”发散出的三个主题分别为“光照”、“迷幻精神”以及“梦想”，策展人通过三个主题展来呈现出不同元素。

每年的展会都会有一些亮点，比如来自日本的日本灯光设计大师Motoko ISHII和Akari-Lisa ISHII此次就带来了全新的灯光科技装置“光之初”（Light Essentials），该装置采用了日本领先的技术以及各种照明理念展现出新的照明设计，其不仅充分利用了硬形设计，而且采用了柔性设计元素，如视频、光、声、嗅觉和味觉等，令该装置为观众提供了身临其境的互动体验。

Ze Most 展览区域展示由 MateriO 工作室呈现的创新材料，而富有创意灵感，极具装饰性的咖啡厅和餐厅作为补充，令使当代设计的概念在展会上得以完整的呈现．

今年巴黎家具家饰展在各小展馆的部分，也略作了些调整，如 3 号展馆原本主要展示厨房空间与用具设计，但在今年则更名为“COOK+DESIGN”，透露出未来饮食将与设计更密切结合的趋势发展，关于这部分的调整，其实从今年的春季趋势特展中即可看出端倪，春季展特地于 1 号展馆中规划出以“食材”为主题的展览，呈现一系列以食材为发想，让人看了不仅惊讶也食指大动的作品。而此届主办单位观察到现代人以设计用品装饰用餐空间之余，也开始重视料理过程、用餐气氛，更甚至是食材的选择等，因此在“COOK+DESIGN”展馆中，除了展示新空间、新材质设备外，亦将焦点扩大到饮食与设计的关系。

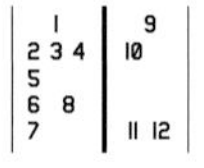

1–4 MateriO 工作室呈现了许多创新的材料

5–7 食物设计亦是近年新兴亮点

8 复古车成为展陈的载体

9 媒体休息区

10 咖啡厅

11–12 参展商的搭建都颇有创意

展馆内各区域的重新规划受到了观众的青睐。尤其是5A、5B及6号馆的重新布局，成功地将家居饰品领域的不同品类聚集在一起，其中包含时尚配饰、儿童用品、移动装置、家居香氛以及最近展示的男士用品，最具创意的产品及设计均集中陈列在6号馆的入口处。在工艺美术背景的衬托下，原创手工艺品区域让5A馆的入口得到了全新的改造。

在服务层面，此次展会新推出了“我的巴黎家具展”环节，一个全新的引导区域，观众能够在专业团队的帮助下策划自己的参观路线。此项服务能够使新观众优化自己的展览安排，并记录感兴趣的展区信息。

同时，Maison&Objet亦正不断加快其国际拓展的步伐，继于2013年1月宣布将于2014年3月在新加坡举办首届亚洲Maison&Objet后，本季又对外宣布了将于2015年5月12日至15日在美国迈阿密举办美洲Maison&Objet的消息。

光照（Illuminations）· 光的能量

照明在家居生活的重要性逐渐提升，然而不仅是“照亮”的功能，在光亮背后的阴影，也逐渐被注意到，有别于传统的灯饰，在展场中可以见到中空线性的灯饰设计、搭配着泡泡浮现滴落的吊灯、宛如三棱镜展现出七彩光源的展示等，更多刺激着我们双眼的光照设计一涌而上。

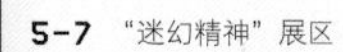

1-4 “光照”展区
5-7 “迷幻精神”展区

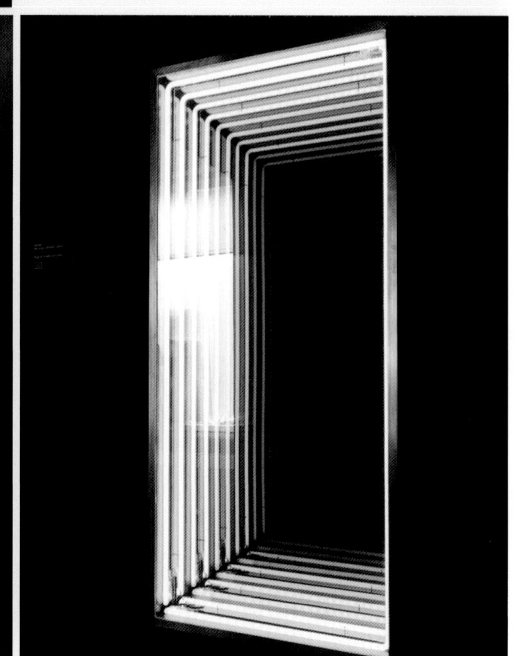

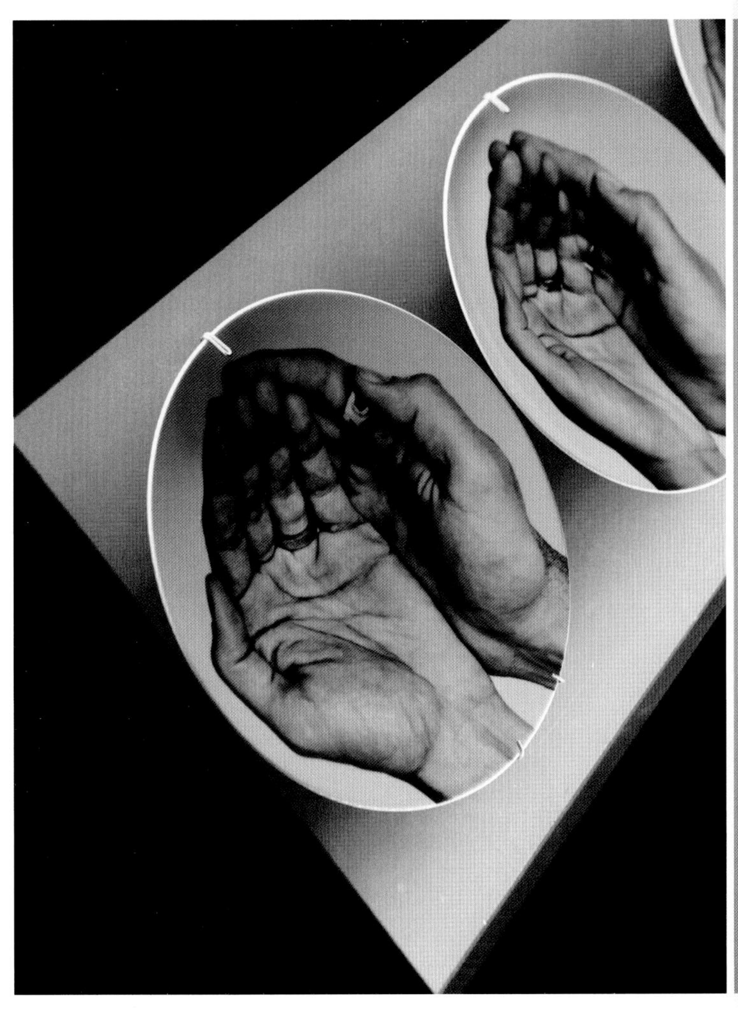

迷幻精神（Psychotropia）· 想象的能

随着大脑的跃动，设计的领域逐渐扩张，也反映出更多的精神层面议题，像是从迷幻音乐中发展而来，更多的设计将从心灵与感官的交错层面开始探讨，不管是超现实主义风格的花瓶摆饰，或是带有人类学意涵的民俗风格物件，或是有如神启般设计出来的LED蜡烛吊灯，各种超乎想象的设计风格将从梦境中跨入我们的生活家居。

梦想（Funt@sy）· 梦想的能量

像是橱窗中琳琅满目的商品，娱乐性的消费风格一跃而上，成为潮流的代表，缤纷的色彩、夸张的尺寸，彷佛就像是从游乐园中奔跑出来，展场中可见到不管是带了些成人恶趣味，或者是充满童心的设计，例如多样化的小动物摆饰，或者是将小巧的马卡龙造型放大成为了茶几，甚至是杯子蛋糕状的大抱枕等，充斥着幽默诙谐的风格。END

1
2345

1-5 “梦想”展区

设计嘉年华：2013巴黎设计周

撰　文 | 蔓蔓
资料提供 | Maison&Objet

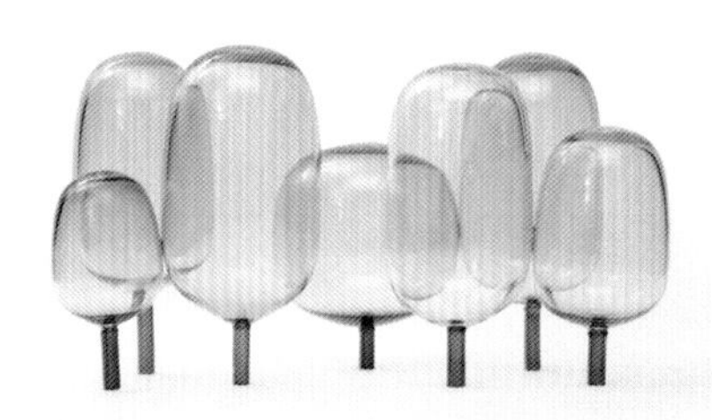

对于所有专业人士来说，Maison&Objet（2013年秋冬巴黎家居博览会）不仅仅是一个高品质的商业博览，更是一个家居世界的魅力之极。新颖设计、时尚家居、精致物品以及奇妙桌上摆件等等，而新晋诞生的巴黎设计周则与Maison&Objet相辅相成，其所有的展都向普罗大众放开，打开人们对家居的新的思维，令一般的百姓都能欣赏到最新的设计，激励每个人都可以创建自己的设计世界。

在小巴黎市内，也聚集了许多设计师的创意店参加了这次的巴黎设计周，只需要拿着设计周专门设计的小册子，你就可以按照小地图的指示每一家小店去踩点，那种感觉很奇妙，就像小时候收集自己喜欢的小东西一样，因为走进一家店你会观赏到当季充满新创意的设计，在流连忘返时，又期待下一个点会给你怎样的惊喜。

NOW! LE OFF

巴黎家居展今年的主题为“能量”，策展人希望告诉人们，在匆忙的科技生活中，更应该在美学上充电，为生活注入更有活力的能量与创造灵感，期待当代人能够藉由轻松玩乐的设计方式与各种充满幽默趣味的生活小品，天马行空地发挥想象力，并尽情享受生活，希望拉近设计与大众的距离。而巴黎设计周的活动则是对此次展览最好的补充，其延续了 Maison&Objet 的精神，其中主题为“把握现在，乐观创意”的“NOW!Le Off”展区延续了年度的趋势概念，结合了各方设计师与艺术家的交流，利用诸如织物、家具、新科技领域中所展出的创新产品这些多元跨界的设计材质与媒介，巧妙地呈现出每个设计故事与创意想法，探究原创概念到最后成品之间的演进秘密。这个针对年轻设计师的展览在前两届设计周上取得了空前的成功，此次，它吸引了 12 000 名观众来发现来自法国及其他欧洲国家的艺术天才，他们向公众展示他们的作品。作为参观者，同样有机会同最富盛名的设计学校直接交流。

Noir & Bois / Bois & Blanc

在巴黎设计周期间，艺术圣殿卢浮宫内也有场关于设计的活动。该活动是邀集了一批年轻设计师以木为主题进行发挥，策展方的命题是“黑与木 VS 木与白”，主办方将这些命题作业在卢浮宫内展出，展览的主题是“Noir & Bois / Bois & Blanc”。

“这次展览没有设计明星，也没有晦涩的哲学概念，这只是场关于纯粹的关于设计的实验，我们希望设计可以成为人们日常生活的一部分，每样环绕在我们周边的事物都是经过思考与设计的。”主办方认为。在展览中，每组设计师都以木为材质进行了设计，他们或添加了颜色，或将木头与其他材料搭配在一起。此次展览的目的就是鼓励每组设计师尽情发挥创造潜力。

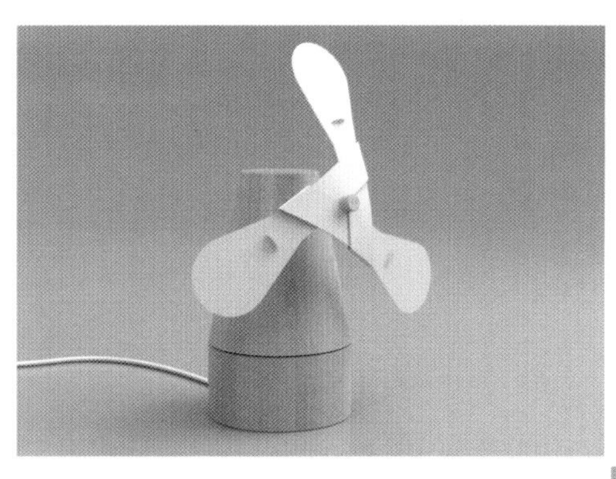

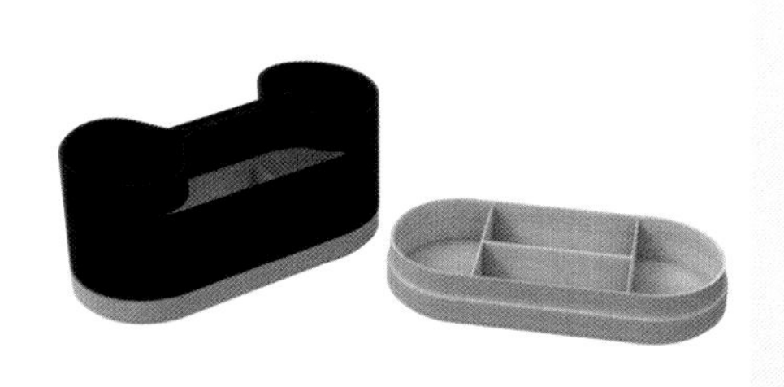

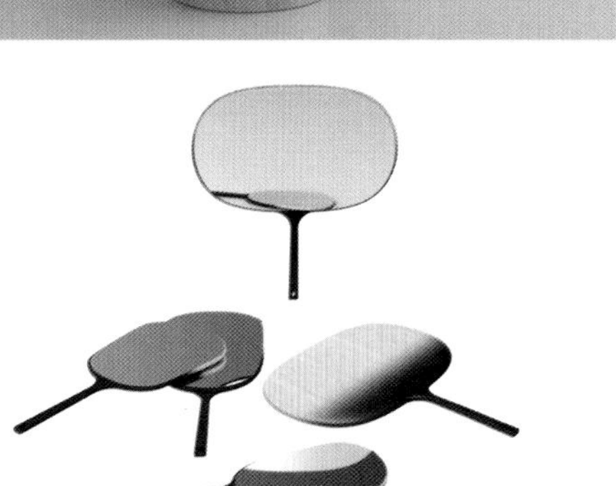

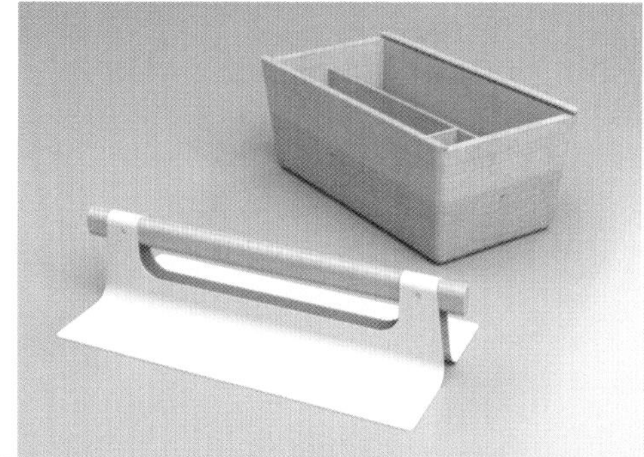

跳蚤市场：Marche Paul Bert Serpette

巴黎二手市场的鼻祖非 Marché aux puces de Saint-Ouen 莫属，此次，巴黎设计周亦将触角伸向了这个神秘的市场。这个跳蚤市场分很多区域，主要分两大块，一边的市场是杂货，以旧货为主；一边是以家具和奢侈家具品为主，市场因为越来越被人知晓，所以近期价格也在一路飙升，不过这里即便是古董，也是时髦的“复古风”，该市场聚集了百余个商铺，许多家具用料精良，品质上乘，设计经典中不乏趣味；而服装、首饰、箱包则向你展示从美好时代到 1980 年代的巴黎风尚。在卖家具的区域还会看到有中国的瓷瓶在出售，如果会辨认真假的话，运气好会低价买到明代花瓶。

“上下”巴黎之家

在此次巴黎设计周期间，来自中国的“上下”也继北京与上海店后，在巴黎开设了旗下第一家海外零售空间。与其他“中国制造”的产品不同，“上下”并不便宜，甚至可以说是奢侈品，店里的一把造型极简的椅子或书桌要价几万欧元。其所在的地点亦是巴黎的潮流圣地，甚至就在爱马仕旗舰店的对面。

此次新店的设计师仍然是蒋琼耳的御用设计师——日本建筑大师隈研吾，设计师将中国与法国人民同样热爱的瓷器作为切入点，利用六千余片纤薄纤巧的白瓷片营造出一个云状空间。

这家巴黎的新店是“上下”第一家在海外的零售空间，也可以说是“上下”的旗舰店，店内展陈了“上下”的大部分产品，如家具、瓷器、服饰与珠宝首饰均有涉猎，其陈列的物品极具中华文化艺术。用最好的材料，最精湛难得的中国工艺，再加上琼耳式艺术设计理念而得出的产品，风格简单优雅，价格自然不菲。蒋琼耳认为，这是种含有中国传统工艺和现代设计风格的奢侈品，“所谓的‘奢侈’，其实是一种感动的情怀，而不是价格有多贵”。END

第七届中国（上海）国际时尚家居用品展览会

撰　文｜语田
资料提供｜Interiorlifestyle CHINA(ILC)

中国（上海）国际时尚家居用品展览会（Interior Lifestyle China，简称“上海时尚家居展”）已经是第七个年头了，2013年9月25日至27日间，展会从苏联式的宏伟建筑里移师上海新国际博览中心。这个展会从一开始便拥有不错的调性，它的德国母展Ambiente（法兰克福春季消费品展）是世界上最大的家居展，德国人的务实与世界先进的操作经验，加上本土员工的灵活变通，使得它在这几年的发展中，不仅势头强劲，甚至还呈现出超越“贸易展”的野心与结果。

德国人的展览注重贸易——也就是生意，从务实的角度无人能出其右。上海时尚家居展的德国母展Ambiente（法兰克福春季消费品展）是世界上最大的家居展，其体量规模较巴黎家居展更为宏大，在推广上反而显得比较朴实。据相关报告显示，此次展览吸引了来自37个国家及地区的17 015名观众莅临参观。包含印度、美国两大新展团与再次回归的法国、德国及中国台湾地区展团在内的282家参展企业向观众展示了他们的品牌与产品。

吸取经验后，上海时尚家居展在其发展的整体过程中，众多家居与设计类媒体、产品设计师团体受邀设立“特别展区”是主办方最具有战略眼光的安排。通过这种比较讨巧的方式，上海时尚家居展迅速积累了“接地气”的业界的知名度并拔高了整体调性，为其进一步扩张奠定了基础。在3天的展期内，上海时尚家居展为观众呈现了9场内容丰富、涵盖国内外设计及零售领域等多个主题的研讨会。其中部分会议论坛均在展会中设有主题展示区，带来更生动的阐述。

“国际潮流趋势”论坛（Ambiente Trends）由来自欧洲权威流行趋势预测机构Stilbuero bora.herke.palmisano工作室的设计师Annetta Palmisano女士主讲。首次出现在上海时尚家居展的“国际潮流趋势”专区通过产品展示解读花园秘境、经典大地、瑰丽异域以及荒漠绿洲四大流行趋势板块。

另一场热点论坛“设计连接”由《创诣》杂志主编顾青策划主持，邀请到品家家品的创始人林安鸿先生以及致力于推动亚洲原创设计的“Talents设计新星”项目中两位青年设计师张逸凡、杨威杰担任主讲。

值得一提的是，此次展览中的众多国际展团吸引了业界的目光，这些展团以设计之名，集合了众多或历史悠久，或年轻的设计力量与品牌。位于N5馆海外展区的台湾馆也许对中国设计来说，显得更有借鉴意义。在“Fresh Taiwan”的展台中，可以看见许多融入台湾特色与东方色彩的创意商品，他们或贴近生活、或完美设计、或富有文化内涵。如木趣设计工作室将传统十二生肖转化成以台湾特有动物为主的木制公仔，赋予生态保育意涵；良事设计有限公司饶富意象的金鱼时钟，悠游的金鱼结合东方数字的吉利涵义；金琉世代股份有限公司透过微米鎏金技术，将宗教信仰的图文注入崭新的风貌呈现；米雅各布文化企业有限公司以传统原住民织纹，结合文化内涵与现代技术，打造台湾原住民第一品牌。END

BPI中国十周年庆典

2013年11月9日，BPI照明在上海1933老场坊举办中国公司十周年庆典，近300位业界相关人士参加。BPI自1966年成立以来，承担了包括香港国际金融中心等大量著名建筑、室内、城市景观等光环境设计，自2003年BPI在上海设立公司以来，遵循一贯的专业务实的企业精神，潜心打磨每个项目，全心考量设计方案、施工时间、造价预算、维护使用、节能与环境友好等因素，逐渐赢得客户信赖，稳步成长。庆典现场，BPI总裁Robert Prouse和前总裁周鍊作了精彩致辞，BPI中国执行董事林志明对公司的创办和成长进行了回顾。BPI中国的成功向业界彰示了在目前不良的商业环境下，一个坚持操守，默默耕耘的设计公司的价值。

多米尼克·佩罗讲坛及专辑发布

2013年9月23日下午，"UED建筑大师讲坛——演变中的建筑：建筑的消融"多米尼克·佩罗专场在同济大学129礼堂开幕。佩罗通过展示其建筑作品，包括法国国家图书馆、首尔梨花女子大学、柏林奥林匹克自行车馆及游泳馆等，阐述了其对"建筑的消融"的理解和实践。

《隐藏的复杂性：多米尼克·佩罗专辑》（《城市·环境·设计》（UED）杂志第75期）也于当晚在上海马达思班建筑设计事务所举行了发布酒会。马达思班创办合伙人陈展辉、原作设计工作室主持建筑师章明、佩罗好友Zoe Vayssieres分别分享了对佩罗及其作品的感受；众多建筑师、记者等与佩罗进行了深入交流。佩罗此次中国行还受邀担任2013霍普杯国际大学生建筑设计竞赛评委会主席。

飞利浦发布全新一代LED办公照明灯具

飞利浦照明于2013年8月22日宣布在中国市场推出专为办公空间度身打造的高端LED灯具（RC320C）。飞利浦RC320C采用的悬吊模式和便捷的嵌入式安装方式，使其能广泛应用于各个办公区间；其拥有专利设计的磨砂乳白透光罩，透过均匀纤薄的亚克力材质投射出最高效舒适的灯光，给予员工健康舒适的视觉体验。此款灯具秉承飞利浦照明的LED技术，拥有30W/40W两种功率组合，整体系统效率大于90lm/w，相比普通T5系统节能50%；同时使用寿命长达50 000小时，保证10年以上安心使用，有效降低维护成本；还将彻底打破LED在办公空间应用的价格壁垒；其投资回报率也显著提高，以100套灯具为单位，其投资回报周期仅1.7年，创见了办公空间的无限潜能。

"起点"系列活动

由Archina建筑中国和日清设计共同举办的"起点"系列活动于2013年10月18日在上海开幕。10月18日~11月18日，活动围绕艺术"起点"主题，先后召开的4场论坛和一个展览，从城市飞速发展的一系列丢弃中反思艺术的共性，并探索艺术存在的意义，这是重新思考建筑内涵、审度城市文化的新起点。

第十届di排行榜高峰论坛

"2013年度di设计新潮·中国建筑设计市场排行榜颁奖典礼"于2013年10月31日在上海举行。近200位业界高层人士莅临现场，郑时龄教授作为颁奖嘉宾到场并致辞。同期高峰论坛以"十年反思与展望"为主题，UA国际总经理叶阳、GMP中国区合伙人及总经理吴蔚、何设计副总裁徐芸霞分别作主题演讲；唯士国际董事长杨锋、UDG联创国际董事长薄曦、致逸设计总建筑师余泊、DS鼎实国际总经理吴旭辉、DC国际总经理平刚及万科集团副总经理付志强在头脑风暴环节各自分享了对业界的见解。

上海廿一当代艺术博览会

ART021™(LOGO)上海廿一当代艺术博览会于2013年11月27日在洛克·外滩源的中实大楼开幕。本次参展的画廊的甄选范围以主要经营21世纪艺术的当代的画廊为主体，为期5天的展会通过一系列展览、展示、论坛、活动将当代艺术引入生活视线，并使公共评述变为可能。博览会入选作品多元，包括绘画、雕塑、版画、摄影、视频及数码等诸多艺术形式。参展画廊的范围从来自伦敦的White Cube到植根上海本土的香格纳画廊；从经营多元的法国贝浩登到位于北京着力推崇当时水墨艺术趋势的Ink Studio；从新近成功转型的蜂巢当代艺术中心到20年如一日坚持不懈的红门画廊。

设计酒店组织2013限量版年鉴发布

为纪念设计酒店组织（The Design Hotels™）12周年，2013年，该组织特别制作了本限量版2013年年鉴——《The Design Hotels™ XXL Limited Edition Book 2013》。该书不久前就获2013年红点奖。此次，这本"年鉴"来到上海，于2013年12月15日在上海南外滩的设计酒店水舍进行展示。这本出版物体量庞大，不仅可作咖啡桌边的书，XXL限量珍藏版还包括两件芬兰著名设计品牌Artek的经典设计家具。

2013摩恩冬季新品发布会

2013年11月18日，北美第一龙头品牌"摩恩"在沪举办2013摩恩冬季新品上市会，推出两大亮点——搭配Duralast® 恒芯阀芯的"钻石"卫浴龙头系列及"飞瀑"头顶花洒。Duralast恒芯阀芯是摩恩最新一代阀芯。恒芯阀芯为龙头提供了恒久不变的顺滑手感，并确保消费者可精确控制出水开关和调节水温。运用了恒芯阀芯的龙头手柄还可准确记录关闭出水的位置，便于记忆用户喜欢的水温。摩恩此次亦展示了多款明星产品：运用最新"摩力感应"技术的雅铂厨房龙头；搭载"随心控"系统的卫浴龙头；2013年获iF设计大奖的净睿厨房龙头。

Gift Show in 上海

"东京国际礼品展"主办方必极耐斯公司将在上海国际展览中心首次独立承办"Gift Show in上海——日本生活用品·家居装饰品展览会"。据悉，展会于2013年12月10日开幕，持续3天，主题为"面向未来的生活方式的提案"，将展示日本的传统工艺品、技术、漫画、时尚家居、设计小物、时尚、宠物用品、美食等多领域的礼品。作为展会亮点之一，日本著名设计师塚本太郎还将把日本产品融入家居环境，做现场搭配展示。主办方预计，随着圣诞、元旦、春节、情人节临近，年底将是礼品采购需求最集中的时段，该展会有望获得买家积极响应。

第十九届中国国际家具展览会

第十九届中国国际家具展览会于2013年9月在上海开幕，来自欧美亚20国的3000家家具企业带来的数万款家居新品，5天展期内14场设计类活动，为观众揭示了未来一年的家居潮流趋势，在申城掀起了一场设计飓风。

阿克苏·诺贝尔办公光环境

涂料公司阿克苏·诺贝尔位于上海的亚太总部办公大楼，其照明方案是集合LED创新技术和未来智能办公理念，满足功能需求又彰显品牌个性和人文关怀的典范。阿克苏·诺贝尔主张办公环境应"更像一个温馨舒适的家"。解读客户"光线营造情绪"的诉求后，飞利浦根据不同区域的差异性需求，定制智能可持续LED照明解决方案，对基于弧形空间的分隔设计进行有效利用：5个楼面采用不同主题色增加辨识度，色彩以各种层次不断重复，在不同楼层各区域徜徉，以灯光创见缤纷办公环境，给予员工明快活跃又温馨舒适的空间体验。

B&Z
北京八番竹照明设计有限公司
BEIJING BAMBOO LIGHTING DESIGN LTD
www.bld-bj.com